길벗스쿨

머리에 탁 떠오르는 각과 다각형

초등 **3·4** 학년

길벗스쿨

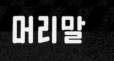

고대 그리스에서는 기하학을 모르면 대학 입학 안 됐다고?!

위대한 수학자 플라톤이 BC 387년에 창설한 '아카데미아'는 지금의 '대학'과 같습니다. 당대의 지식인들이 모여 철학, 수학, 예술에 대해 자유롭게 토론하고 발전시키는 고등 학문의 장이었지요. 그런데 이 아카데미아 입구 현판에는 특이한 문구가 새겨져 있었어요.

> **기하학을 모르는 자, 이 문을 들어오지 말라.**

지금으로 치면 입학 자격 요건쯤 되겠네요. 즉, 기하학을 모르면 수준이 안 되니 우리랑 얘기를 나눌 수 없다는 뜻입니다. 기하학은 쉽게 말해 도형을 다루는 수학의 한 분야일 뿐인데 어떻게 해서 대학 입학의 척도가 되었을까요?

기하학은 '논리'다.

'논리'는 쉽게 말해 "A(근거)이기 때문에 B(결론)이다"처럼 타당한 근거를 들어서 참인 결론을 도출하는 사고 과정입니다. 예를 들어, 5살 아이가 외출 전에 "추우니까(근거) 패딩을 입을 거야.(결론)"라고 말하는 것도 논리입니다.
'춥다→ 몸을 따뜻하게 해야 한다. → 몸을 따뜻하게 하려면 두꺼운 옷을 입어야 한다. → 내가 가진 두꺼운 옷은 패딩이다. → 그러니 난 패딩을 입겠다.' 이 얼마나 논리적인 사고 과정입니까?
논리사고는 이런 방식으로 도출한 결론을 근거 삼아 또 다른 결론을 만들어 나가며 사고를 확장합니다. 이러한 논리로 현대 기하학을 만들어 낸 사람이 바로 유클리드입니다. 그는 고작 기본 공리 5개에서 시작하여 수많은 도형에 대한 이론을 도출하였습니다. 후배 수학자들은 이를 이어받아 지금까지도 거대한 기하학을 확장 건설하고 있습니다. 이제 아카데미아 현판의 문구를 다시 한번 들여다 봅시다. 그 뜻이 읽히나요?

> **논리적으로 생각하지 못하는 자, 이 문을 들어오지 말라.**

초등 도형은 '논리'적으로 공부해야 합니다.

여기 기하학에 대한 오해가 있습니다. 보통 도형을 잘하려면 공간 감각이 좋아야 한다고 말합니다. 그래서 아이들이 어렸을 때 블록이나 레고를 가지고 놀게 하죠. 실제로 유아에서 초2까지의 도형 공부는 공간/형태 인지가 대부분을 차지하기 때문에 공간 감각이 좋아야 합니다. 하지만 초3부터 도형의 약속, 성질, 공식을 배우기 시작하면 본격적으로 '논리', 즉 '기하'의 세계로 들어가게 됩니다. 초등 교과서에 나오는 약속, 성질, 공식이 어떻게 논리와 관련되는지 살펴볼까요?

- <u>세 개의 선분으로 둘러싸였기 때문에</u> <u>삼각형입니다.</u> ← 약속[초3 수학교과서]
          A(근거)   B(결론)

- <u>이등변삼각형이기 때문에</u> <u>두 각의 크기가 같습니다.</u> ← 성질[초4 수학교과서]
         A(근거)   B(결론)

여기서 알 수 있는 것은 '약·성·공[약속, 성질, 공식]'이 논리사고의 '근거'에 해당한다는 것입니다. 그런데 초등에서 나오는 약·성·공은 언뜻 보면 너무 당연해 보여서 아이들이 설렁설렁 눈으로만 보고 넘어가는 경우가 많습니다. 이런 잘못된 습관이 들면 논리사고의 기초 공사가 아예 이루어지지 않게 됩니다. 타당한 근거 없이 내린 결론은 틀리거나 쉽게 붕괴되기 마련이니까요.

초등 도형은 고등 기하의 축소판입니다. '약속'은 '정의(definition)'로, '성질'과 '공식'은 '정리(theorem)'로 이름만 바뀔 뿐이에요. 하지만 '기하학'이니 '논리사고'니 하는 말이 어렵게 느껴진다면 약·성·공만 생각하세요. 초등에서는 약·성·공의 기본 도형 개념만 제대로 공부해도 기하학 공부의 밑바탕을 탄탄하게 다질 수 있습니다. 기적특강은 초등 도형을 어려워하는 여러분을 문전박대하지 않습니다. 어서어서 오세요.

기하학을 모르는 자, 기적특강을 펼쳐 보라!

초등 도형, 논리사고로
기초 개념을 탄탄하게 –

약속·성질·공식
이렇게 공부하자!

약속

약속이란 수학 용어나 기호 등
그 의미를 정해 놓은 것입니다.

약속은 이미 정해진 것!
그림 덩어리로 기억하고,
정확한 수학 언어로
무조건 암기하자!

그림 덩어리로
기억하기!

개념 정리 BOX로
한눈에 정리하여
기억하기!

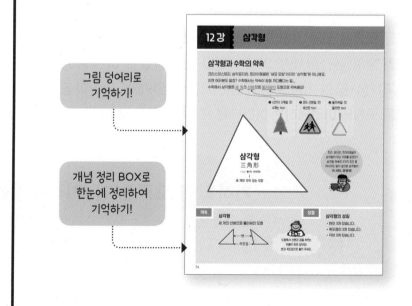

약속·성질·공식만
잘 기억하면
문제 풀이가 술술~

성질

성질이란 약속에 따라 나오는
특징과 규칙입니다.

성질은 관찰하면 보인다!
당연해 보여도
수학적 논리에 근거하여
확실하게 기억하자!

공식

공식이란 약속과 성질을 바탕으로 증명된
사실을 문자나 기호로 나타낸 것입니다.

이해하면 공식이 저절로~
무작정 외우는 것은 NO!
증명으로 공식 유도 과정을 이해하고,
자유자재로 변형하자!

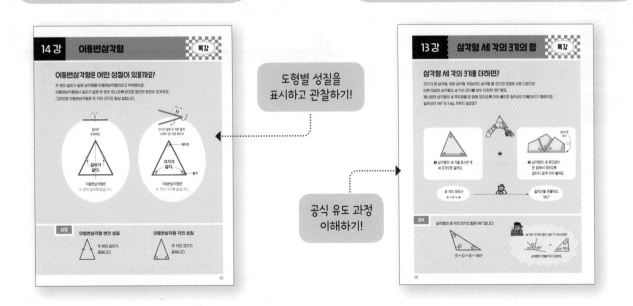

도형별 성질을
표시하고 관찰하기!

공식 유도 과정
이해하기!

차례

1. 선과 각도

2. 삼각형

1 선과 각도

×

2 삼각형

3 사각형

4 다각형

기하학이란?

'기하학'이라는 말은 '땅을 잰다'라는 뜻으로 이집트에서 유래했어요.

기하학은 도형이 어떻게 이루어졌는지, 또 어떻게 측정해서 계산하는지를 공부하는 수학의 한 분야예요.

이제 기하학의 시작, 도형의 가장 기본 요소인 점, 선, 면을 알아볼까요?

도형의 기본 : 점, 선, 면

점은 색연필로 콕 찍을 때, 선은 자를 대고 그릴 때, 면은 종이 전체를 색칠하여 만들 수 있어요.

하지만 점, 선, 면을 이렇게만 얘기하면 멋진 '기하학'이라고 할 수 없지요.

이제부터는 수학자의 눈으로 도형을 자세히 들여다봐요.

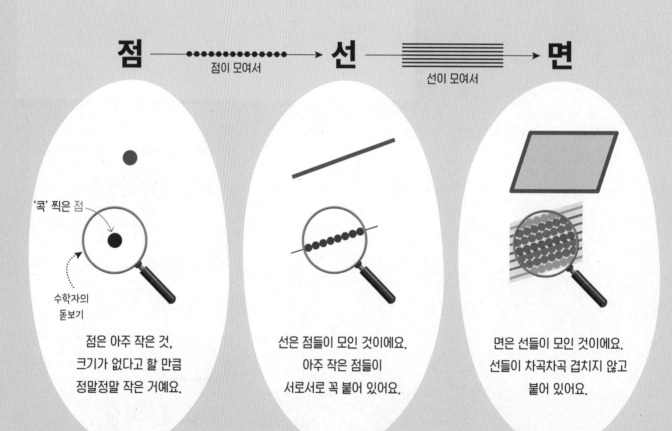

점 ──(점이 모여서)──▶ 선 ──(선이 모여서)──▶ 면

'콕' 찍은 점

수학자의
돋보기

점은 아주 작은 것,
크기가 없다고 할 만큼
정말정말 작은 거예요.

선은 점들이 모인 것이에요.
아주 작은 점들이
서로서로 꼭 붙어 있어요.

면은 선들이 모인 것이에요.
선들이 차곡차곡 겹치지 않고
붙어 있어요.

곧은 선의 종류를 알아보자!

선 중에서 구불구불한 선을 곡선, 한 줄로 곧게 뻗은 선을 곧은 선이라고 해요.

곧은 선은 우리 눈으로만 보면 실을 쫙 펼쳐 놓은 것과 같아요.

수학자의 눈으로 본 곧은 선은 3가지가 있다고 하는데, 각각 어떤 특징이 있을까요?

 **선분**

선분은 양쪽에 끝이 있어요.

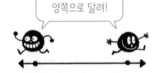 **직선**

양쪽으로 달려!

직선은 양쪽으로 쭉 뻗어 나가요.

 **반직선**

한쪽 방향으로만!

반직선의 한쪽은 끝이 있고
다른 한쪽은 쭉 뻗어 나가요.

 수학자의 눈에는 점이 없어도 '선분'이라고 하면 딱 그 길이만큼 보이고,
'직선'이라고 하면 레이저처럼 양쪽으로 끝없이 뻗어 가는 선이,
'반직선'은 한쪽으로만 끝없이 뻗어 가는 선이 보인답니다.
여기서 잠깐! 점, 선, 면 모두 도형이라는 사실 꼭 기억해요.

약속

선분

서로 다른 두 점을
곧게 이은 선

직선

양쪽으로 끝없이 늘인 곧은 선

반직선

한 점에서 한쪽으로
끝없이 늘인 곧은 선

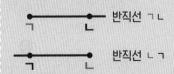

반직선 ㄱㄴ

반직선 ㄴㄱ

'반직선 ㄱㄴ'과 '반직선 ㄴㄱ'은
서로 다른 도형이에요.

도형 읽기 **1**

직선은 양쪽으로 쭉쭉,
반직선은 한쪽으로만 쭈욱,
선분은 끝이 있어요.

도형을 보고 알맞은 것에 ◯표 하세요.

❶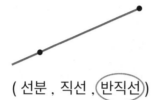

(선분 , 직선 , ⟨반직선⟩)

❷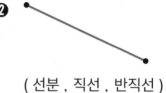

(선분 , 직선 , 반직선)

❸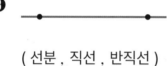

(선분 , 직선 , 반직선)

❹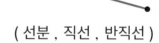

(선분 , 직선 , 반직선)

도형 읽기 **2**

점에서 선이 끝나는지
끝나지 않는지 확인해요.

도형의 이름을 쓰세요.

❶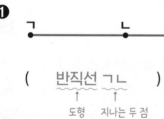

(　반직선 ㄱㄴ　)
　　　↑　　↑
　　 도형　 지나는 두 점

❷

(　　　　　　)

❸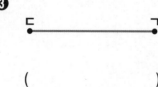

(　　　　　　)

❹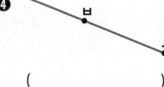

(　　　　　　)

도형 표현 **3**

반직선은 시작점에 따라
모양이 달라져요.

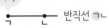

두 점을 이용하여 주어진 도형을 그리세요.

❶ 선분 ㄱㄴ

❷ 선분 ㄷㄹ

❸ 직선 ㄱㄴ

❹ 직선 ㄴㄹ

❺ 반직선 ㄱㄴ

❻ 반직선 ㄷㄱ

뾰족한 뿔 모양, 각

각을 한자로 쓰면 角(뿔 각)이에요.

코뿔소의 뿔은 뾰족하죠? 우리는 뾰족한 모양을 보면 '각지다'라고 말해요.

그럼 수학자의 눈으로 본 각은 어떤 것일까요?

두 개의 반직선이 한 점에서 만나는 모양을 각이라고 불러요.

하나라도 만족하지 않으면 각이 될 수 없답니다.

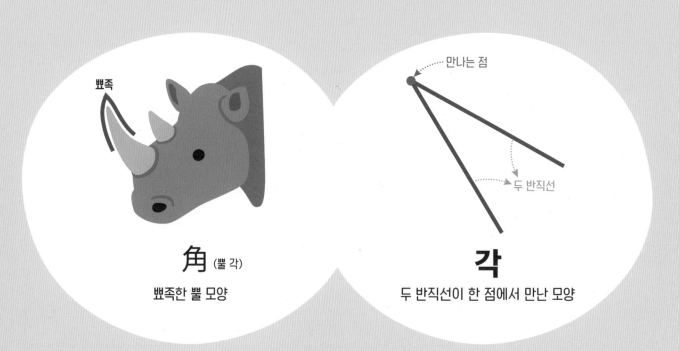

角 (뿔 각)

뾰족한 뿔 모양

만나는 점

두 반직선

각

두 반직선이 한 점에서 만난 모양

약속

각

한 점에서 그은 두 반직선으로 이루어진 도형

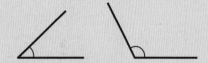

각이 아닌 경우

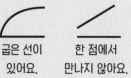

굽은 선이　　　한 점에서

있어요.　　　만나지 않아요.

각의 구성 요소

각을 살펴보면 두 개의 반직선과 그 반직선이 만나는
한 점으로 구성되어 있어요.
이 반직선과 만나는 점을 각 안에서만 특별히 부르는
말이 있대요. 뭐라고 부를까요?

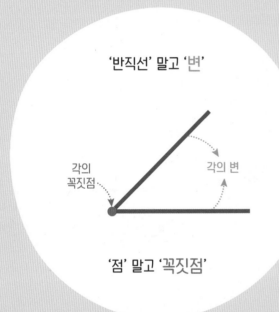

'반직선' 말고 '변'

각의 꼭짓점

각의 변

'점' 말고 '꼭짓점'

각 읽기

각에 점을 붙여서 읽으면 특별한 이름이 돼요.
그런데 우리도 이름을 붙일 때 성을 꼭 앞에 붙여
읽는 것처럼 각의 이름은 각의 꼭짓점이 오는 위치가
정해져 있대요. 어디에 위치할까요?

각의 꼭짓점을 가운데에

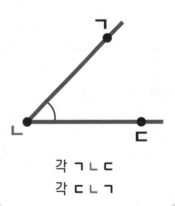

각 ㄱㄴㄷ
각 ㄷㄴㄱ

각 ㄱㄷㄴ 또는
각 ㄷㄱㄴ으로
읽지 않아요.

구성 요소

각의 변

각을 이루는 반직선

각의 꼭짓점

두 반직선이 만나는 점

읽기

기호 붙여 읽는 방법

① 각의 꼭짓점 찾기

② 각의 꼭짓점이 가운데 오도록

③ 한쪽 끝부터 차례대로 읽기

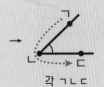
각 ㄱㄴㄷ

각 ㄷㄴㄱ

약속 확인 **1**

각을 모두 찾아 ○표 하세요.

2가지만 기억해요.
❶ 곧은 선으로 이루어질 것!
❷ 한 점에서 만날 것!

(   ) (   ) (   ) (   )

용어 확인 **2**

주어진 각을 읽으세요.

각의 꼭짓점을 가운데에 오도록
하고, 한방향으로 읽어요.

각의 꼭짓점

각 ㄱㄴㄷ 또는 각 ㄷㄴㄱ

❶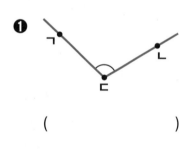

(   )

❷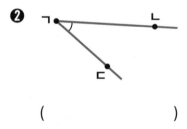

(   )

❸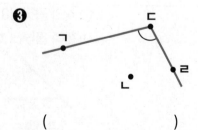

(   )

❹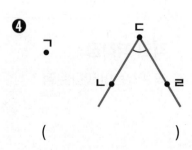

(   )

도형 읽기 **3**

각이 표시된 점 ㄷ이
각의 꼭짓점이에요.

도형에서 표시한 각을 읽으세요.

❶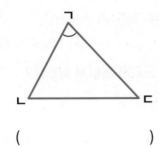

( )

❷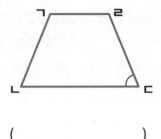

( )

도형 표현 **4**

점의 위치는 모두 같지만 각의
꼭짓점에 따라 각의 모양이 달
라져요.

주어진 각을 그리세요.

❶

| 각 ㄷㄴㄱ | 각 ㄴㄱㄷ | 각 ㄴㄷㄱ |

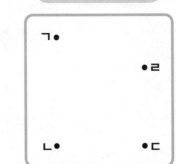

❷

| 각 ㄹㄱㄴ | 각 ㄷㄴㄹ | 각 ㄱㄷㄴ |

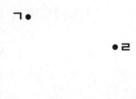

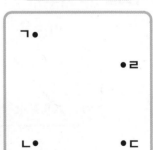

03강 각도

각의 크기, 각도

각의 크기는 두 변이 벌어진 정도를 말하고, 다른 말로 '각도'라고 불러요.

길이를 5 cm로 나타내는 것처럼 각의 크기도 '숫자+단위(°, 도)'로 나타낼 수 있어요.

접이식 의자의 각도가 30° → 90° → 140° → 180°로 커지면 어떻게 될까요?

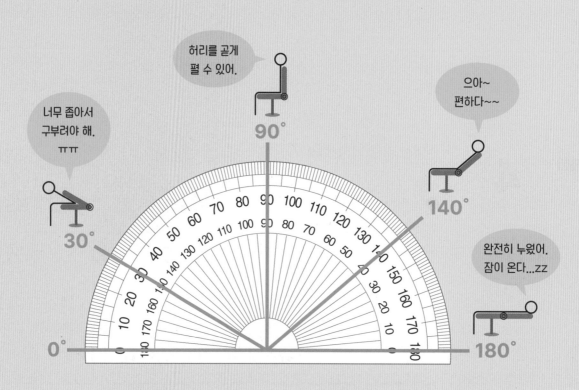

약속		도구	
각도 각의 크기	**도(°)** 각도의 단위		**각도기** 각도를 재는 도구

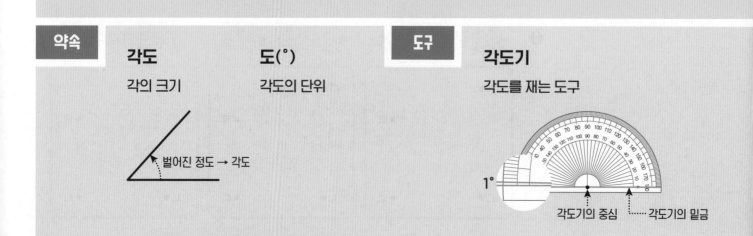

길이와 각도를 비교해서 알아보자!

각이라는 도형을 처음 배워서 아직 많이 낯설죠?
우리가 잘 알고 있는 길이와 비교해서 생각하면 쉽게 기억할 수 있어요.
길이는 두 점이 얼마나 떨어져 있는지에 따라 달라지고,
각도는 각의 변이 얼마나 벌어졌는지에 따라 크기가 달라진답니다.
길이와 각도를 비교하며 알아볼까요?

길이   vs   각도

선분의 크기는 길이

길이가 짧다.   길이가 길다.

각의 크기는 각도

두 변이 조금 벌어지면
각도가 작다.

두 변이 많이 벌어지면
각도가 크다.

길이를 재는 자

각도를 재는 각도기

길이의 단위 cm (센티미터)

1 cm가 5개이면 → 5 cm

각도의 단위 ° (도)

1°가 5개이면 → 5°

약속 이해 **1**

각의 크기가 큰 순서대로 번호를 쓰세요.

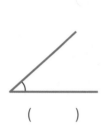 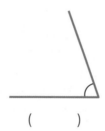 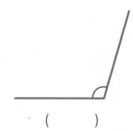 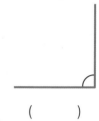

(   )   (   )   (   )   (   )

약속 적용 **2**

각도를 구하세요.

❶

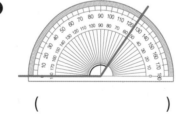

(   )

각의 한 변이
어느 쪽에 있는지 확인하고,
밑금이 0에서 시작하는 쪽의
각도를 읽어요.

❷

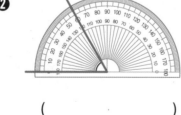

(   )

❸

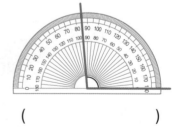

(   )

❹

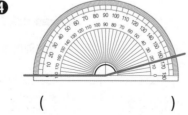

(   )

❺

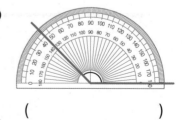

(   )

도형 읽기 **3**

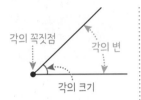

각의 꼭짓점
각의 변
각의 크기

각도기를 이용하여 각도를 재어 보세요.

각도기로 각도 재는 방법을 알아봐요.

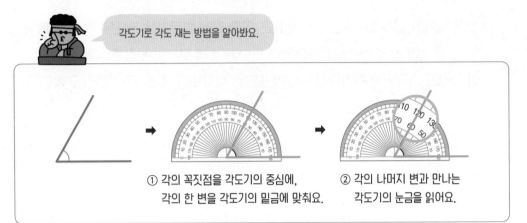

① 각의 꼭짓점을 각도기의 중심에, 각의 한 변을 각도기의 밑금에 맞춰요.

② 각의 나머지 변과 만나는 각도기의 눈금을 읽어요.

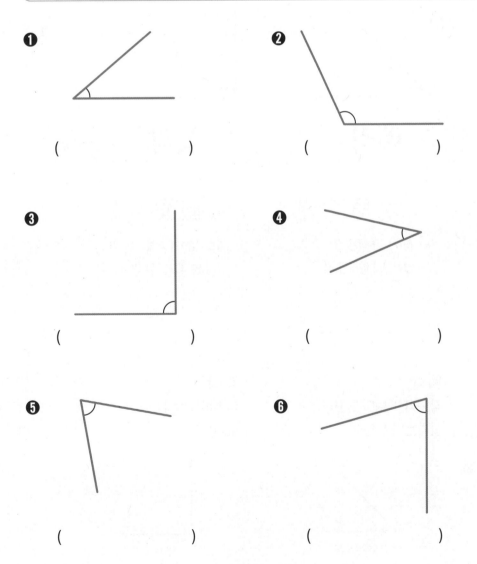

❶

(   )

❷

(   )

❸

(   )

❹

(   )

❺

(   )

❻

(   )

각의 종류 : 예각, 직각, 둔각

각은 크기에 따라 3가지 종류가 있어요. 이때 각을 분류하는 기준은 '직각'이에요.
'직각'은 바둑판의 가로줄과 세로줄이 만나거나 책 모서리와 같은 각을 말해요.
이 직각을 기준으로 직각보다 작으면 '예각', 직각보다 크면 '둔각'이라고 합니다.

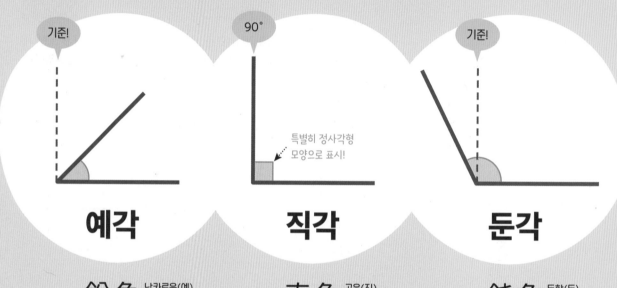

예각	직각	둔각
銳角 날카로울(예) 뿔(각)	直角 곧을(직) 뿔(각)	鈍角 둔할(둔) 뿔(각)
→ 직각보다 작은 각	→ 가로 직선과 세로 직선이 곧게 만나 90°를 이루는 각	→ 직각보다 큰 각
→ 날카롭고 예리한 각		→ 둔하고 무딘 각

약속

예각
각도가 0°보다 크고
직각보다 작은 각

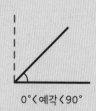

0°< 예각 <90°

직각
두 변이 이루는 각이
90°인 각

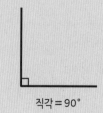

직각 = 90°

둔각
각도가 직각보다 크고
180°보다 작은 각

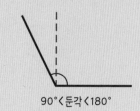

90°< 둔각 <180°

직각으로 여러 가지 각을 만들어 보자!

직각은 90°, 일직선은 180°, 한 바퀴는 360°.
직각으로 만들 수 있는 특별한 각의 모양과 각도를 알아 두면 각의 크기를
예상할 수 있을 뿐 아니라 문제를 쉽고 빠르게 해결할 수 있어요.

1직각
직각이 1개
↓
$90° \times 1 = 90°$

90°

2직각
직각이 2개
↓
$90° \times 2 = 180°$

180°

다리를 일자로 쭉!
180°만큼 벌려요.

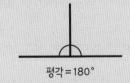

3직각
직각이 3개
↓
$90° \times 3 = 270°$

270°

빙그르르 360°
한 바퀴 턴~

4직각
직각이 4개
↓
$90° \times 4 = 360°$

360°

약속

일직선(평각)

평각 = 180°

한 바퀴

한 바퀴 = 360°

약속 확인 **1**

두 반직선이 만나서 이루는 각은 바깥쪽의 180°보다 큰 각과 안쪽의 180°보다 작은 각이 생겨요.

보통 각을 말할 때는 안쪽의 180°보다 작은 각을 말해요.

각을 보고 예각, 직각, 둔각 중 어느 것인지 쓰세요.

❶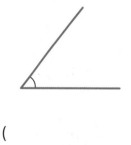

(   )

❷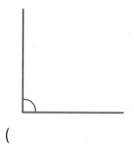

(   )

❸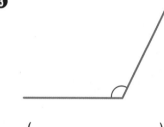

(   )

❹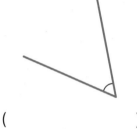

(   )

오개념 확인 **2**

예각, 직각, 둔각에 대한 설명입니다. 맞으면 ○표, 틀리면 ×표 하세요.

❶ 직각은 90°입니다. ·············· ☐

❷ 예각은 0°보다 크고 직각보다 작습니다. ·············· ☐

❸ 직각보다 크면 모두 둔각입니다. ·············· ☐

도형 적용   **3**

예각만 있는 삼각형도 있고, 직각, 둔각이 있는 삼각형도 있어요.

도형에 표시한 각이 예각이면 '예', 직각이면 '직', 둔각이면 '둔'이라고 ☐ 안에 써 넣으세요.

❶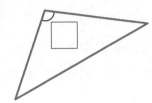

❷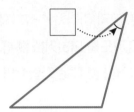

❸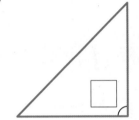

❹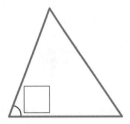

실생활 적용   **4**

시곗바늘을 두 개의 반직선이라고 생각해요.

큰 쪽 각   작은 쪽 각

시계의 긴바늘과 짧은바늘이 이루는 작은 쪽의 각이 예각, 직각, 둔각 중 어느 것인지 쓰세요.

(   ) (   ) (   ) (   )

각도의 계산 방법을 알아보자!

아래 그림처럼 두 각을 이어 붙이면 큰 각이 생기고,

크기가 다른 두 각을 겹치면 겹치지 않은 부분의 작은 각이 생겨요.

이때 주어진 각도를 더하거나 빼서 새로 생기는 각의 크기를 알 수 있어요.

각도를 더하거나 뺄 때는 자연수의 덧셈, 뺄셈과 같은 방법으로 계산한 다음 계산 결과에 도(°)를 붙여요.

각도의 합

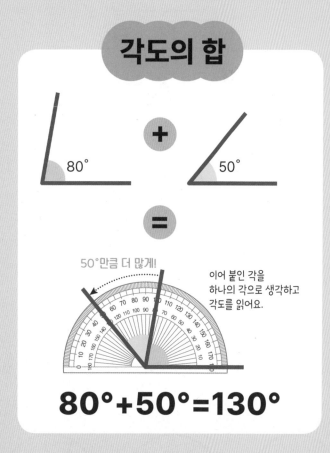

50°만큼 더 많게!

이어 붙인 각을 하나의 각으로 생각하고 각도를 읽어요.

$$80° + 50° = 130°$$

각도의 차

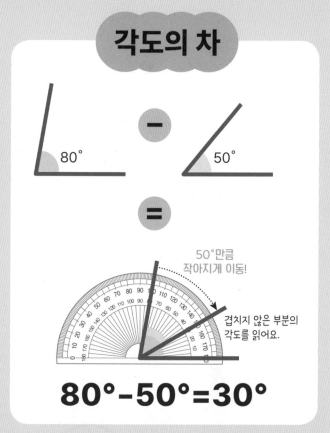

50°만큼 작아지게 이동!

겹치지 않은 부분의 각도를 읽어요.

$$80° - 50° = 30°$$

약속

각도의 합

자연수의 덧셈과 같이 계산합니다.

예) $50° + 20°$ → $50 + 20 = 70$

→ $50° + 20° = 70°$

각도의 차

자연수의 뺄셈과 같이 계산합니다.

예) $50° - 20°$ → $50 - 20 = 30$

→ $50° - 20° = 30°$

약속 확인 **1**

두 각도의 합 또는 차를 구하세요.

❶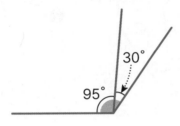

95° + 30° = 125°

계산 후 °(도)를
빼먹으면 안 돼요!

❷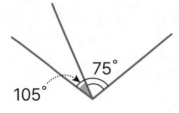

105° – 75° = ☐

❸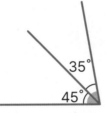

45° + 35° = ☐

❹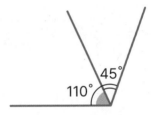

110° – 45° = ☐

약속 이해 **2**

각도의 합 또는 차를 구하세요.

❶ 90° + 45° = ☐

❷ 70° – 20° = ☐

❸ 40° + 55° = ☐

❹ 180° – 95° = ☐

❺ 120° + 140° = ☐

❻ 110° – 35° = ☐

도형 적용 **3**

세 각의 크기의 합은
세 수를 더하는 방법과 같아요.

색칠한 부분의 각도를 구하세요.

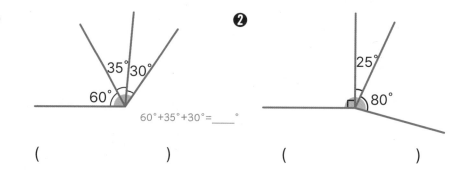

❶ 60°+35°+30°=____°

(   )

❷

(   )

도형 적용 **4**

수로 나타내지 않은
각의 크기도 알아야 해요.

└ 직각은 90°

색칠한 부분의 각도를 구하세요.

❶

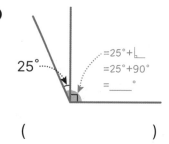

25°

=25°+└
=25°+90°
=____°

(   )

❷

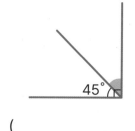

45°

(   )

❸

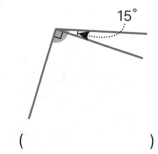

15°

(   )

❹

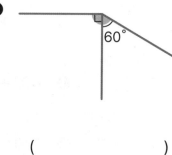

60°

(   )

도형 활용 **5**

수로 나타내지 않은 각의 크기
도 알아야 해요.

 일직선은 180°

 한 바퀴는 360°

색칠한 부분의 각도를 구하세요.

❶
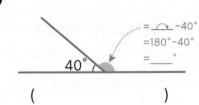

= ⌢ −40°
=180°−40°
=____ °

40°

(   )

❷
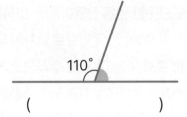

110°

(   )

❸
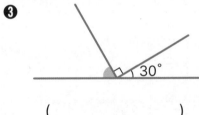

30°

(   )

❹
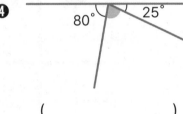

80°   25°

(   )

❺
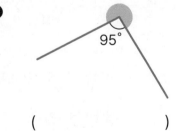

95°

(   )

❻
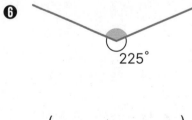

225°

(   )

06강 수직과 평행

두 직선의 위치 관계 : 수직과 평행

반듯반듯한 곧은 선들이 있는 바둑판을 보세요.

바둑판 위에 ✛ 모양으로 교차한 두 직선이 이루는 각은 직각(90°)이에요.

이럴 땐 두 직선이 서로 수직으로 만난다고 해요.

이번에는 ＝ 모양처럼 나란히 뻗어 서로 만나지 않는 두 직선도 보이네요.

이럴 땐 두 직선이 서로 평행하다고 말해요.

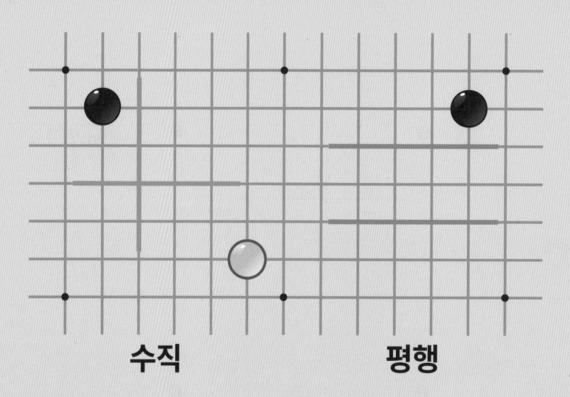

수직   평행

약속

수직 두 직선이 이루는 각도가 직각인 상태	**평행** 두 직선이 서로 만나지 않는 상태
수선 수직인 두 직선	**평행선** 평행한 두 직선

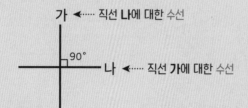

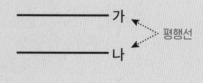

약속 확인 **1**

두 직선이 서로 수직인 것에 '수', 평행한 것에 '평'이라고 쓰세요.

❶

(   ) (   ) (   ) (   )

❷

(   ) (   ) (   ) (   )

약속 이해 **2**

모눈종이에 주어진 선분과 서로 수직인 선분은 빨간색, 평행한 선분은 파란색으로 그리세요.

❶   ❷

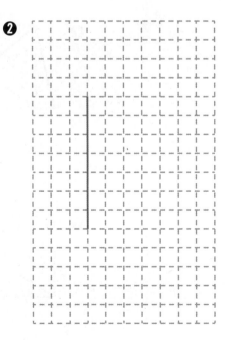

도형 활용 **3**

빨간색으로 표시한 변과
직각으로 만나는 변을 찾아요.

도형에서 빨간색 변과 수직인 변을 찾아 표시하세요.

❶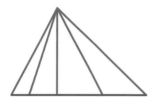

❷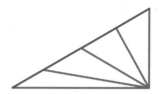

❸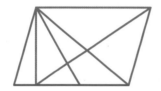

❹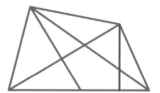

도형 활용 **4**

도형에서 빨간색 변과 평행한 변을 찾아 표시하세요.

❶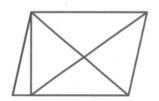

❷

❸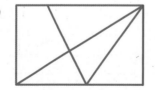

❹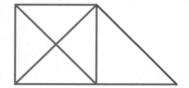

도형 읽기 **5**

수직과 수선은 달라요!

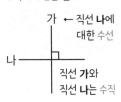

가 ← 직선 **나**에
   대한 수선

나

직선 **가**와
직선 **나**는 수직

그림을 보고 빈 곳에 알맞은 말이나 기호를 쓰세요.

선과 선 사이의 관계를 알아봅시다.

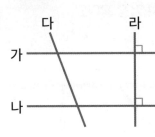

- 직선 **가**와 직선 **라**는 서로 ___수직___ 입니다.

- 직선 **가**와 직선 **나**는 서로 ___평행___ 합니다.

- 직선 **나**에 대한 수선은 직선 _라_ 입니다.

❶

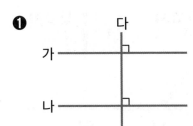

- 직선 **가**와 직선 **다**는 서로 _____입니다.

- 직선 **나**와 직선 **다**는 서로 _____입니다.

- 직선 **가**와 직선 **나**는 서로 _____합니다.

❷

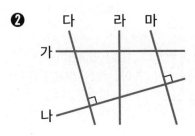

- 직선 **나**와 서로 수직인 직선은

  직선 ____와 직선 ____입니다.

- 직선 **다**와 서로 평행한 직선은 직선 ____입니다.

❸

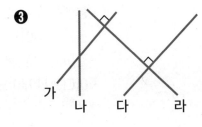

- 직선 **가**와 직선 ____는 서로 평행합니다.

- 직선 **다**와 직선 ____는 서로 수직입니다.

- 직선 **라**에 대한 수선은

  직선 ____와 직선 ____입니다.

평행선 사이의 가장 짧은 거리

곧게 뻗은 두 개의 평행선 사이에 여러 개의 선을 그을 수 있어요.
이 선들 중에서 가장 짧은 거리를 **평행선 사이의 거리**라고 해요.
평행선 사이의 거리는 평행선에 항상 수직이고, 길이가 가장 짧아요.

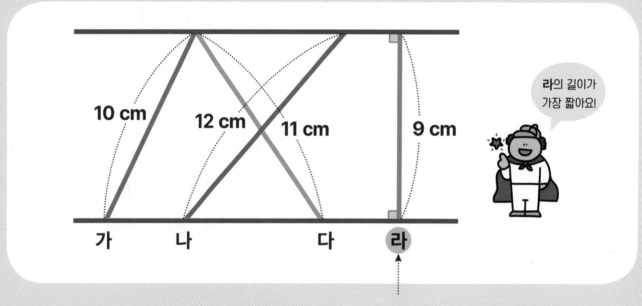

10 cm   12 cm   11 cm   9 cm

가   나   다   라

라의 길이가 가장 짧아요!

평행선 사이의 거리

 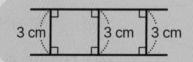

3 cm   3 cm   3 cm

평행선 사이의 거리는
어느 곳에서 재어도
길이가 항상 같아요.

약속

평행선 사이의 거리

한 직선에서 다른 직선에
수선을 그었을 때 수선의 길이

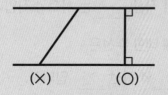

(X)   (O)

성질

평행선 사이의 거리의 성질

• 평행선에 수직이에요.
• 평행선 사이의 선분들 중에서
  길이가 가장 짧아요.
• 어디에서 재어도 길이가 항상 같아요.

복습

약속 이해 **1**

가장 짧은 길을 찾아요.

직선 **가**와 직선 **나**는 서로 평행합니다. 평행선 사이의 거리는 몇 cm인지 쓰세요.

❶
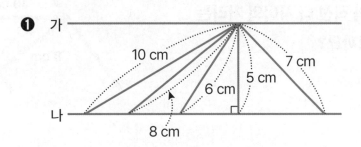

(   )

❷
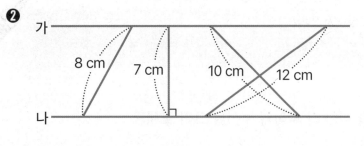

(   )

도형 적용 **2**

먼저 평행선을 찾아보세요.

도형에서 평행선 사이의 거리는 몇 cm인지 쓰세요.

❶
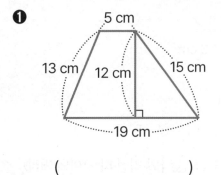

(   )

❷
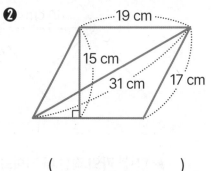

(   )

평행선 사이의 거리

대표문제 세 직선 가, 나, 다가 서로 평행할 때, 직선 가와 직선 다 사이의 거리는 몇 cm일까요?

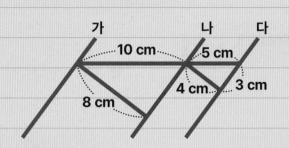

평행선 사이의 거리는 수선의 길이! 수선을 먼저 찾아요.
평행선 사이의 거리는 평행선 사이의 수선의 길이와
같기 때문에 여러 개의 선 사이에서 평행선 사이의
수직인 선분을 먼저 찾아요.

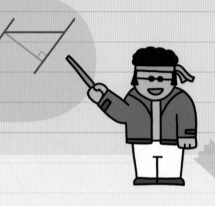

❶ 직선 가와 직선 다 사이의 수선을 그어 보세요.

▶   가   나   다

❷ 직선 가와 직선 나, 직선 나와 직선 다 사이의 거리에 각각 표시하세요.

▶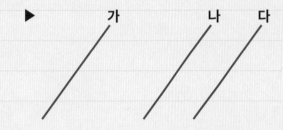

❸ 직선 가와 직선 다 사이의 거리를 구하세요.

▶ (직선 **가**와 직선 **나** 사이의 거리) + (직선 **나**와 직선 **다** 사이의 거리)

   = _____ cm + _____ cm = _____ cm

답 _____

문제 적용 **3**

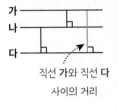

직선 **가**와 직선 **다**
사이의 거리

세 직선 **가**, **나**, **다**가 서로 평행할 때, 직선 **가**와 직선 **다** 사이의 거리는 몇 cm인지 쓰세요.

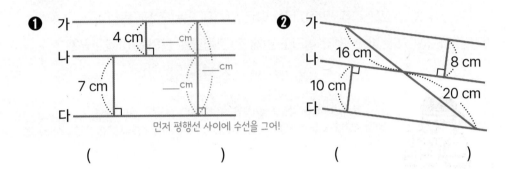

❶ ( )

❷ ( )

문제 활용 **4**

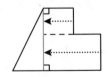

평행한 두 변 사이의 거리는 두 변 사이의 수선의 길이의 합과 같아요.

물음에 답하세요.

❶ 도형에서 변 ㄱㅂ과 변 ㄴㄷ은 서로 평행합니다. 변 ㄱㅂ과 변 ㄴㄷ 사이의 거리는 몇 cm일까요?

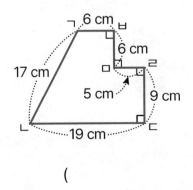

( )

❷ 도형에서 변 ㄱㅇ과 변 ㅂㅅ은 서로 평행합니다. 변 ㄱㅇ과 변 ㅂㅅ 사이의 거리는 몇 cm일까요?

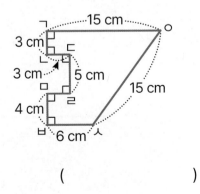

( )

08강 평행선과 각도

특강

평행선이 만드는 각도를 알아보자!

평행한 두 직선이 다른 한 직선과 만나면 여러 개의 각이 생겨요.

마주 보는 위치에 있는 각을 '맞꼭지각', 같은 위치에 있는 각을 '동위각',

엇갈린 위치에 있는 각은 '엇각'이라고 말해요. 그림으로 같이 알아볼까요?

중학교에서 배우는 내용이지만 각의 성질을 잘 알아 두면
평행선 문제를 해결하는 열쇠가 될 거예요.

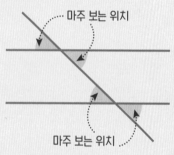
마주 보는 위치
마주 보는 위치

맞꼭지각

두 직선이 만날 때 마주 보는 위치에 있는 각

성질 맞꼭지각의 크기는 서로 같아요.

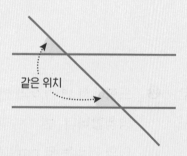
같은 위치

동위각

두 직선이 다른 직선과 만날 때 같은 위치(동위 同位)에 있는 각

성질 평행선에서 동위각의 크기는 서로 같아요.

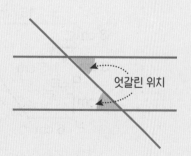
엇갈린 위치

엇각

두 직선이 다른 직선과 만날 때 엇갈린 위치에 있는 각

성질 평행선에서 엇각의 크기는 서로 같아요.

복습

성질 확인 **1**

직선 **가**와 직선 **나**는 서로 평행합니다. ☐ 안에 알맞은 기호를 쓰세요.

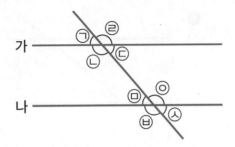

❶ 각 ⓒ과 각 ☐은 맞꼭지각으로 크기가 서로 같습니다.

❷ 각 ⓒ과 각 ☐은 동위각으로 크기가 서로 같습니다.

❸ 각 ⓒ과 각 ☐은 엇각으로 크기가 서로 같습니다.

❹ 각 ⓒ과 크기가 같은 각은 각 ☐, 각 ☐, 각 ☐입니다.

성질 적용 **2**

표시한 각의 크기는 모두 같아요.

직선 **가**와 직선 **나**는 서로 평행합니다. ☐ 안에 알맞은 각도를 쓰세요.

❶
가 60°
나

❷
가 나
95°

❸
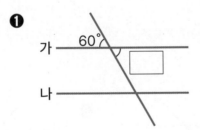

❹
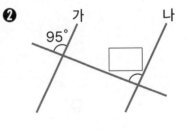

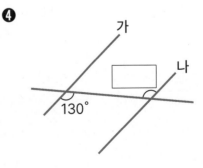

성질 적용

3

평행선 속 각의 성질을
이용해서 다양한 방법으로
㉠의 각도를 구할 수 있어요.

직선 **가**와 직선 **나**는 서로 평행합니다. ㉠의 각도를 구하세요.

❶

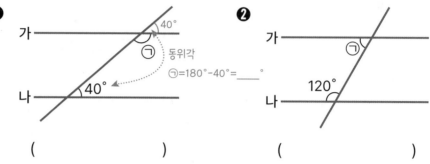

동위각

㉠=180°-40°=____°

(　　　　　)

❷

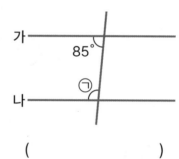

(　　　　　)

❸

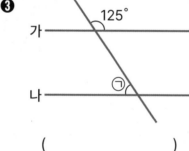

(　　　　　)

❹

(　　　　　)

❺

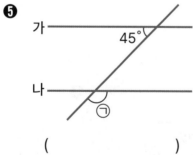

(　　　　　)

❻

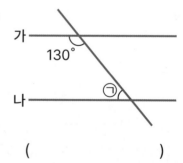

(　　　　　)

성질 활용 **4**

직선 **가**와 직선 **나**는 서로 평행합니다. ㉠의 각도를 구하세요.

보조선을 그어 평행선에서의 각의 성질을 이용해 봅시다!

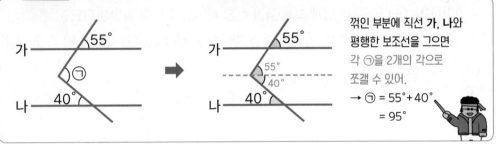

꺾인 부분에 직선 **가**, **나**와 평행한 보조선을 그으면 각 ㉠을 2개의 각으로 쪼갤 수 있어.
→ ㉠ = 55°+40°
       = 95°

❶

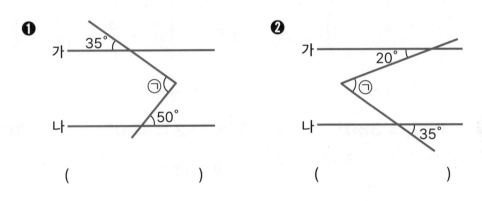

가 35°
㉠
나 50°

(   )

❷

가 20°
㉠
나 35°

(   )

❸

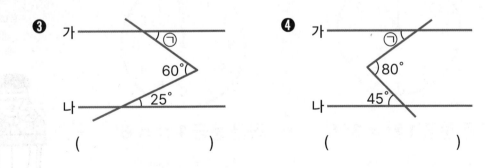

가
㉠
60°
나 25°

(   )

❹

가
㉠
80°
나 45°

(   )

시계 속 눈금의 각도

두 개의 시곗바늘은 시계를 돌면서 시각에 따라 6시는 평각, 3시는 직각,

2시는 예각, 5시는 둔각 등 다양한 크기의 각을 만들어요.

이번에는 더 나아가서 시계 속 눈금과 눈금 사이의 각도를 알아볼까요?

시곗바늘이 1바퀴를 돌면 360°인 것을 활용하여 눈금 사이의 각도를 알 수 있어요.

1바퀴 = 360°

시곗바늘이 시계 1바퀴를 돌면 360°만큼 회전합니다.

360° ÷ 2 = 180°

시계 1바퀴의 절반!

360° ÷ 4 = 90°

시계 1바퀴를 4개로 나눈 것 중에 하나!

큰 눈금 1칸 = 30°

큰 눈금은 모두 12칸

→ 360° ÷ 12 = 30°

작은 눈금 1칸 = 6°

작은 눈금은 모두 60칸

→ 360° ÷ 60 = 6°

시계 속 긴바늘과 짧은바늘을 두 개의 반직선이라 생각하고, 얼마만큼 벌어졌는지에 따라 어떻게 각도가 달라지는지 살펴봐.

도형 확장 **1**

큰 눈금 1칸의 각도 : 30°
작은 눈금 1칸의 각도 : 6°

시계에 표시한 부분의 각도를 구하세요.

❶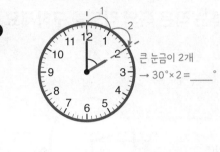

큰 눈금이 2개
→ 30° × 2 = ____°

(   )

❷

(   )

❸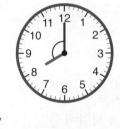

(   )

❹

(   )

❺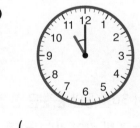

(   )

❻

(   )

❼

(   )

❽

(   )

시계와 각도

대표문제

시계가 9시 30분을 가리킬 때,
긴바늘과 짧은바늘이 이루는 작은 쪽의 각도를 구하세요.

시계 속 두 시곗바늘 사이에 큰 눈금 3개의 각도(㉠)와
짧은바늘이 움직인 각도(㉡)의 합으로
긴바늘과 짧은바늘 사이의 각도를 구할 수 있어요.
두 시곗바늘은 서로 움직이는 속도가 다르므로
짧은바늘이 움직인 각도에 유의해요!

❶ 두 시곗바늘 사이에 큰 눈금이 몇 개 있는지 세어요.

▶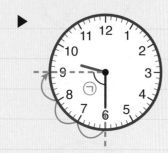

(큰 눈금 한 칸의 각도) = 30°

두 시곗바늘 사이에 큰 눈금이 _____ 개

㉠ = 30° × _____ = _____

❷ 숫자 9와 짧은바늘 사이의 각도를 구하세요.

▶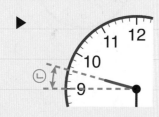

짧은바늘이 30분 동안 큰 눈금 한 칸의 반만큼 움직이므로

㉡ = (큰 눈금 반 칸의 각도) = (큰 눈금 한 칸의 각도) ÷ 2

   = _____ ÷ 2 = _____

❸ ㉠과 ㉡의 각도를 더하세요.

▶ (긴바늘과 짧은바늘이 이루는 각도) = _____ + _____ = _____

답 _____

복습

도형 확장 **2**

[짧은바늘이 움직인 각도]

1시간	30°
30분	15°
20분	10°
10분	5°

시계에 표시한 부분의 각도를 구하세요.

짧은바늘은 10분에 5° 이동

40분 동안은? → 10분씩 4번 이동

5° × 4 = 20°만큼 움직여요.

❶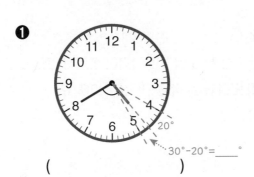

20°

30° − 20° = ____°

(   )

❷

(   )

❸

(   )

❹

(   )

❺

(   )

같은 크기로 나눈 각

직선을 크기가 같은 각 4개로 나누었어요.

겉보기에는 4개의 예각만 있는 것 같지만 가장 작은 예각과 예각이 합쳐져 조금 더 큰 예각을 만들거나

직각, 둔각을 만들 수 있어요. 작은 각들이 모여서 큰 각을 만드는 것이지요.

직선 속 숨어있는 크고 작은 각을 찾아볼까요?

가장 작은 각
1개, 2개, 3개, 4개가 모여서
만들 수 있는 각을 모두 그리고,
어떤 각인지 알아볼 거예요.

가장 작은 각 1개	가장 작은 각 2개	가장 작은 각 3개

 → 예각

 → 직각

 → 둔각

 → 예각

 → 직각

 → 둔각

 → 예각

 → 직각

가장 작은 각 4개

 → 예각

어렵게 생각하지 말고
순서대로 그려 보면
빼먹지 않고 모든
각을 그릴 수 있어요.

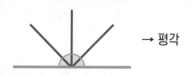 → 평각

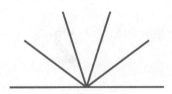

문제 적용 **1**

직선을 크기가 같은 각 5개로 나누었습니다.
물음에 답하세요.

❶ 각 1개로 이루어진 각은 모두 몇 개일까요?

⋯⋯ 직접 각을 표시하면서 세어요.

(   )

2개의 각이 모인

모양도

각이에요.

❷ 각 2개로 이루어진 각은 모두 몇 개일까요?

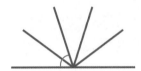

(   )

❸ 각 3개로 이루어진 각은 모두 몇 개일까요?

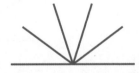

(   )

❹ 각 4개로 이루어진 각은 모두 몇 개일까요?

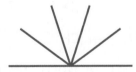

(   )

❺ 각 5개로 이루어진 각은 모두 몇 개일까요?

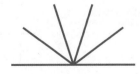

(   )

문제 적용 **2**

직선을 크기가 같은 각으로 나누었습니다.

도형에서 찾을 수 있는 크고 작은 예각은 모두 몇 개인지 구하세요.

❶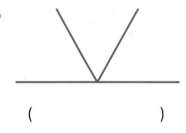

( )

❷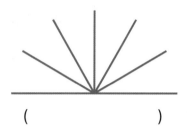

( )

문제 적용 **3**

직선을 크기가 같은 각으로 나누었습니다.

도형에서 찾을 수 있는 크고 작은 둔각은 모두 몇 개인지 구하세요.

❶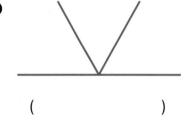

( )

❷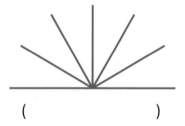

( )

문제 적용 **4**

직선을 크기가 같은 각으로 나누었습니다.

도형에서 찾을 수 있는 직각은 모두 몇 개인지 구하세요.

❶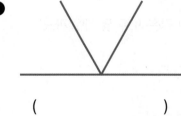

( )

❷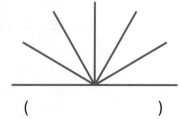

( )

문제 활용 5

직각을 크기가 같은 각으로 나누었습니다.

도형에서 찾을 수 있는 크고 작은 예각은 모두 몇 개인지 구하세요.

❶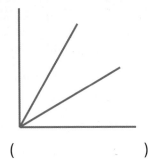

❷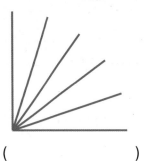

(   )   (   )

문제 활용 6

직선을 크기가 다른 4개의 각으로 나누었습니다.

물음에 답하세요.

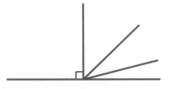

❶ 도형에서 찾을 수 있는 크고 작은 예각은 모두 몇 개일까요?

(   )

❷ 도형에서 찾을 수 있는 직각은 모두 몇 개일까요?

(   )

❸ 도형에서 찾을 수 있는 크고 작은 둔각은 모두 몇 개일까요?

(   )

1 도형을 보고 알맞은 것끼리 선으로 이으세요.

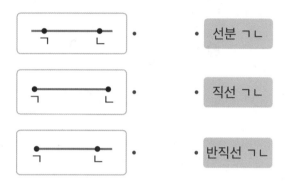

- 선분 ㄱㄴ
- 직선 ㄱㄴ
- 반직선 ㄱㄴ

2 각을 보고 물음에 답하세요.

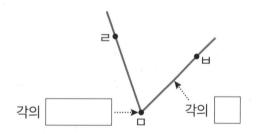

각의 ☐············▷   각의 ☐

(1) ☐ 안에 알맞은 말을 써넣으세요.
(2) 각을 읽으세요.

( )

3 두 직선이 서로 평행한 것을 찾아 ○표 하세요.

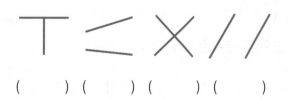

( ) ( ) ( ) ( )

4 그림을 보고 물음에 답하세요.

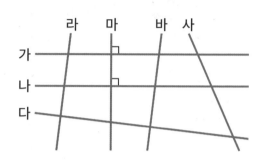

(1) 직선 **가**와 수직인 직선을 찾아 쓰세요.

( )

(2) 직선 **가**와 평행한 직선을 찾아 쓰세요.

( )

5 주어진 각을 예각, 직각, 둔각으로 분류하여 기호를 쓰세요.

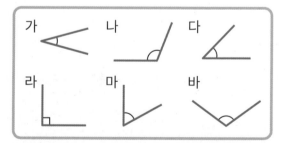

예각	직각	둔각

6 각도기를 이용하여 주어진 각의 크기를 구하세요.

(1)

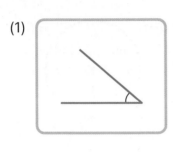

(   )

(2)

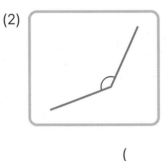

(   )

7 도형을 보고 물음에 답하세요.

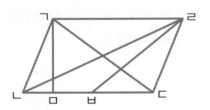

(1) 선분 ㄴㄷ에 대한 수선을 찾아 쓰세요.

(   )

(2) 선분 ㄴㄷ과 평행한 선분을 찾아 쓰세요.

(   )

8 물음에 답하세요.

ㄴ ㅂ ㅅ ㅈ ㅎ

(1) 수직인 선분이 있는 글자를 찾아 쓰세요.

(   )

(2) 평행한 선분이 있는 글자를 찾아 쓰세요.

(   )

9 직선 **가**와 직선 **나**는 서로 평행합니다.
평행선 사이의 거리를 나타내는 선분을 모두 찾아 기호를 쓰세요.

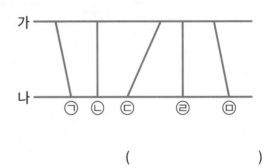

(   )

10 색칠한 부분의 각도를 구하세요.

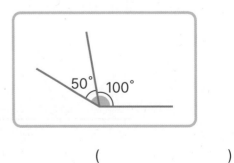

(   )

11 ㉠의 각도를 구하세요.

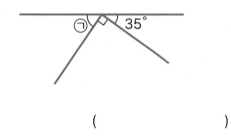

(   )

12 세 직선 **가**, **나**, **다**가 서로 평행할 때, 직선 **가**와 직선 **다** 사이의 거리는 몇 cm인지 구하세요.

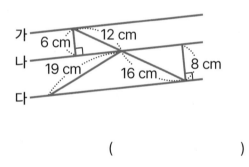

(   )

13 직선을 크기가 같은 각 5개로 나누었습니다. 도형에서 찾을 수 있는 크고 작은 예각은 모두 몇 개인지 구하세요.

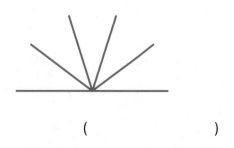

(   )

14 시계의 긴바늘과 짧은바늘이 이루는 작은 쪽의 각도를 구하세요.

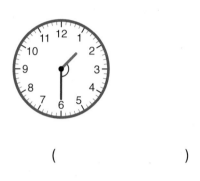

(   )

15 직선 **가**와 직선 **나**는 서로 평행합니다. ㉠의 각도를 구하세요.

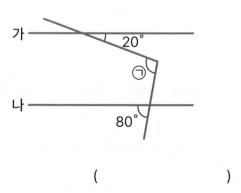

(   )

1 선과 각도

2 | # 삼각형

×

삼각형
바로 알기
출발~!

3 사각형

4 다각형

삼각형과 수학의 약속

크리스마스트리, 삼각표지판, 트라이앵글은 '세모 모양'이지만 '삼각형'은 아니에요.

이젠 여러분도 알죠? 수학에서는 약속이 엄청 까다롭다는 걸…

수학에서 삼각형은 **세 개**의 **선분**으로 **둘러싸인** 도형으로 약속해요!

❶ (선이) 3개일 것!
4개는 No!

❷ 모두 선분일 것!
곡선은 No!

❸ 둘러싸일 것!
뚫리면 No!

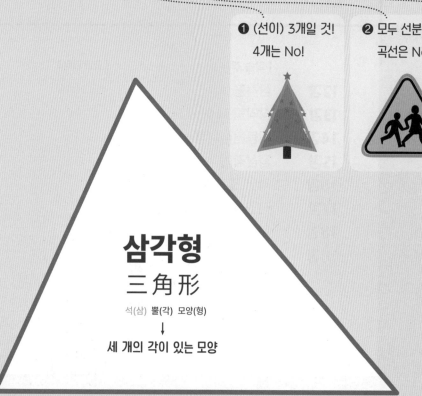

삼각형
三角形

석(삼) 뿔(각) 모양(형)
↓
세 개의 각이 있는 모양

트리, 표지판, 트라이앵글이
삼각형이 아닌 이유를 알겠죠?
삼각형 약속의 3가지 조건 중
하나라도 맞지 않으면 삼각형이
아니에요. 땡!땡!땡!

약속

삼각형

세 개의 선분으로 둘러싸인 도형

변

꼭짓점

성질

삼각형의 성질

• 변이 3개 있습니다.
• 꼭짓점이 3개 있습니다.
• 각이 3개 있습니다.

도형에서 선분과 점을 부르는
이름이 따로 있어요!
변과 꼭짓점으로 불러 주세요.

삼각형의 종류와 이름

삼각형을 '변의 길이'에 따라 이름을 붙이면 두 변의 길이가 같은 삼각형은 이등변삼각형,
세 변의 길이가 모두 같은 삼각형은 정삼각형이라고 불러요.
'각의 크기'를 기준으로 이름을 붙일 수도 있는데 세 각이 모두 예각이면 예각삼각형,
한 각이 직각이면 직각삼각형, 한 각이 둔각이면 둔각삼각형이라고 불러요.

변의 길이에 따른 이름

길이가 같다는
표시예요.

이등변삼각형
두 변의 길이가 같아요.

정삼각형
세 변의 길이가 같아요.

각의 크기에 따른 이름

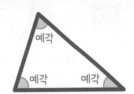

예각

예각   예각

예각삼각형
세각이 모두 예각이에요.

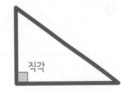

직각

직각삼각형
한 각이 직각이에요.

둔각

둔각삼각형
한 각이 둔각이에요.

용어 약속 **1**

수학의 언어로 표현한
용어와 약속을 사용해요.

빈 곳에 알맞은 말을 쓰세요.

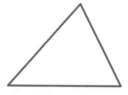

약속 삼각형은 _____개의 _____으로 둘러싸인 도형입니다.

오개념 서술 **2**

삼각형의 약속 중 3가지
조건을 모두 만족해야
삼각형이라고 할 수 있어요.
또, 아닌 이유를 쓸 때는
잘못된 부분만 콕! 짚어서
쓰세요.

다음 도형은 삼각형이 아닙니다.

삼각형의 약속 중 3가지 조건을 체크하고, 삼각형이 아닌 이유를 쓰세요.

보기

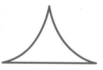

삼각형 체크리스트 ✔	
■ (선이) 3개?	☑
■ 모두 선분?	☐
■ 둘러싸였나?	☑

이유: '곡선이 있기 때문입니다.' 또는 '선분이 아니기 때문입니다.'

❶

삼각형 체크리스트 ✔	
■ (선이) 3개?	☐
■ 모두 선분?	☐
■ 둘러싸였나?	☐

이유: _____

❷

삼각형 체크리스트 ✔	
■ (선이) 3개?	☐
■ 모두 선분?	☐
■ 둘러싸였나?	☐

이유: _____

용어 확인

3

주어진 선분을 이용하여 이등변삼각형, 정삼각형, 예각삼각형, 직각삼각형, 둔각삼각형을 각각 하나씩 그려 보세요.

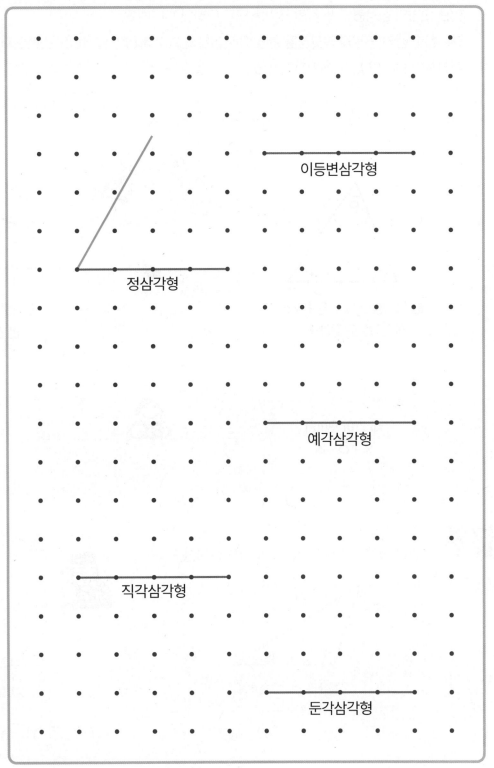

삼각형 세 각의 크기의 합

특강

삼각형 세 각의 크기를 더하면?

크기가 큰 삼각형, 작은 삼각형, 뒤집어진 삼각형 등 크기와 모양은 서로 다르지만

어떤 모양의 삼각형도 세 각의 크기를 모두 더하면 180°예요.

왜냐하면 삼각형의 세 꼭짓점을 한 점에 모이도록 이어 붙이면 일직선이 만들어지기 때문이죠.

일직선이 180°인 사실, 까먹지 않았죠?

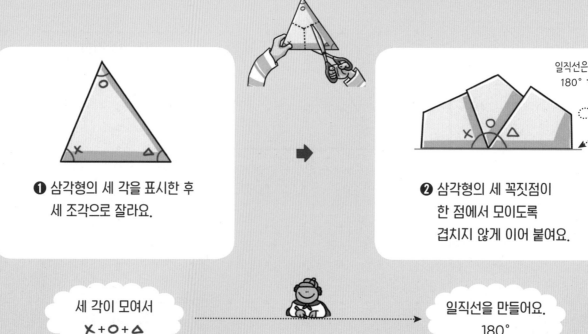

❶ 삼각형의 세 각을 표시한 후
세 조각으로 잘라요.

❷ 삼각형의 세 꼭짓점이
한 점에서 모이도록
겹치지 않게 이어 붙여요.

세 각이 모여서
×＋○＋△

일직선을 만들어요.
180°

공식

삼각형의 세 각의 크기의 합은 180°입니다.

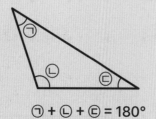

㉠ ＋ ㉡ ＋ ㉢ ＝ 180°

세 각의 크기의 합이 180°가 아니라면?

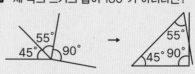

삼각형이 만들어지지 않아요.

공식 확인 **1**

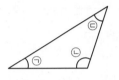

$$ⓐ+ⓑ+ⓒ=180°$$
$$→ ⓐ=180°-ⓑ-ⓒ$$

도형에서 ⓐ의 각도를 구하세요.

❶

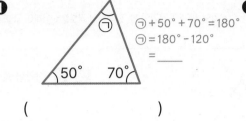

ⓐ+50°+70°=180°
ⓐ=180°-120°
=____

(   )

❷

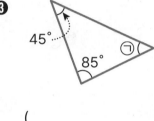

60°   60°

ⓐ

(   )

❸

45°

85°   ⓐ

(   )

❹

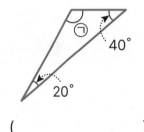

ⓐ

40°

20°

(   )

❺

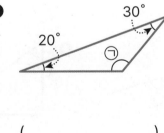

30°

20°

ⓐ

(   )

❻

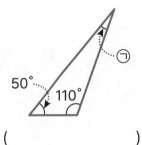

50°

110°   ⓐ

(   )

❼

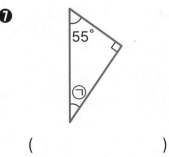

55°

ⓐ

(   )

❽

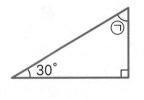

ⓐ

30°

(   )

59

공식 활용 2

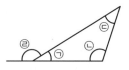

㉠+㉡+㉢=180°

㉠ +㉣=180°

삼각형 각의 성질을 이용하여
알 수 있는 각을 구합니다.

도형에서 ㉠의 각도를 구하세요.

 삼각형 세 각의 크기의 합, 일직선의 각도를 이용하여 구할 수 있어요.

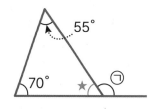

성질 1 삼각형 세 각의 크기의 합은 180°

➡ 55°+70°+★=180°

★=180°-125°=55°

성질 2 일직선은 180°

➡ ★+㉠=180°, ㉠=180°-55°=125°

❶

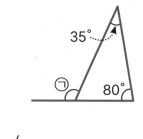

( )

❷

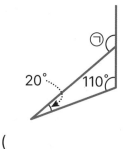

( )

❸

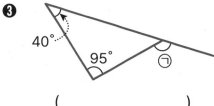

( )

❹

( )

❺

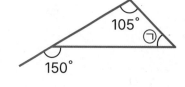

( )

❻

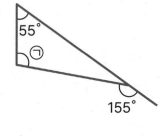

( )

공식 활용 **3**

도형에서 ㉠과 ㉡의 각도의 합을 구하세요.

❶

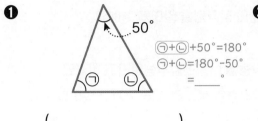

㉠+㉡+50°=180°
㉠+㉡=180°-50°
=_____°

(   )

❷

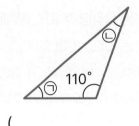

(   )

❸

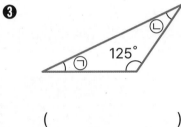

(   )

❹

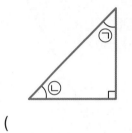

(   )

❺

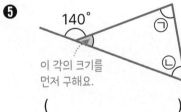

이 각의 크기를
먼저 구해요.

(   )

❻

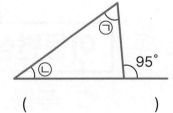

(   )

❼

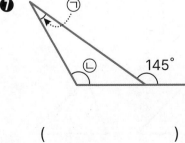

(   )

❽

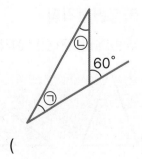

(   )

두 변의 길이가 같은 삼각형

지금부터는 삼각형 중에서 특별한 모양의 삼각형을 알아볼 거예요.

삼각형에는 3개의 변이 있어요.

세 변 중에서 두 변의 길이가 같은 삼각형을 이등변삼각형이라고 하지요.

이등변삼각형은 삼각형이기 때문에 삼각형의 성질을 모두 가지고 있어요.

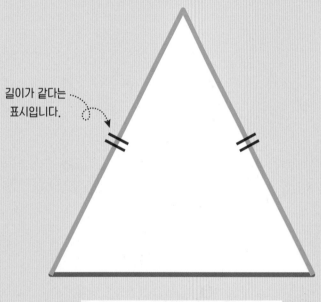

길이가 같다는
표시입니다.

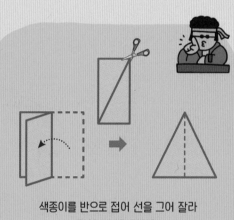

색종이를 반으로 접어 선을 그어 잘라
접힌 부분을 펼치면
이등변삼각형이 만들어져요.

二   等邊
두(이)   변의 길이가 같음

약속

이등변삼각형

두 변의 길이가 같은 삼각형

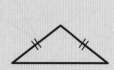

어떤 모양이어도
두 변의 길이가 같으면
이등변삼각형이구나.

이등변삼각형은 어떤 성질이 있을까요?

두 변의 길이가 같은 삼각형을 이등변삼각형이라고 약속했어요.

이등변삼각형에서 길이가 같은 두 변이 만나도록 반으로 접으면 완전히 포개져요.

그러므로 이등변삼각형은 두 각의 크기도 항상 같답니다.

접으면
포개져요.

길이가
같다.

이등변삼각형은
두 변의 길이가 같습니다.

크기가 같은 두 각은 밑각,
나머지 한 각은 꼭지각

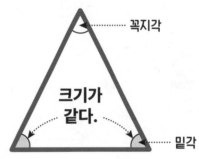

꼭지각

크기가
같다.

밑각

이등변삼각형은
두 각의 크기가 같습니다.

성질

이등변삼각형 변의 성질

두 변의 길이가
같습니다.

이등변삼각형 각의 성질

두 각의 크기가
같습니다.

용어 약속 **1**

수학의 언어로 표현한
용어와 약속을 사용해요.

빈 곳에 알맞은 말을 쓰세요.

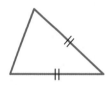 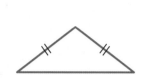 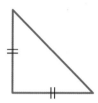

약속 이등변삼각형은 _____ 변의 길이가 _____ 삼각형입니다.

성질 확인 **2**

이등변삼각형입니다. □ 안에 알맞은 수를 써넣으세요.

❶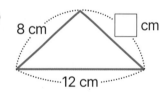

❷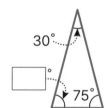

❸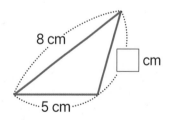

❹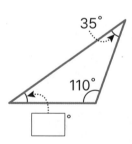

❺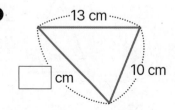

❻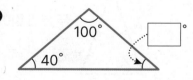

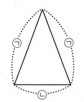

이등변삼각형에서 길이가 같은 변을 먼저 찾아요.

(세 변의 길이의 합)

= ㉠ + ㉠ + ㉡

이등변삼각형입니다. 삼각형의 세 변의 길이의 합을 구하세요.

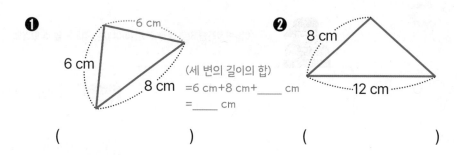

❶
6 cm
6 cm
8 cm

(세 변의 길이의 합)
=6 cm+8 cm+____ cm
=____ cm

❷
8 cm
12 cm

(   )   (   )

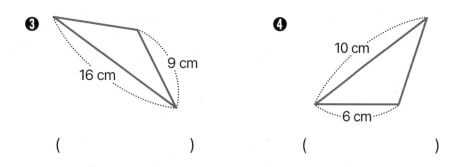

❸
16 cm
9 cm

❹
10 cm
6 cm

(   )   (   )

이등변삼각형입니다. □ 안에 알맞은 수를 써넣으세요.

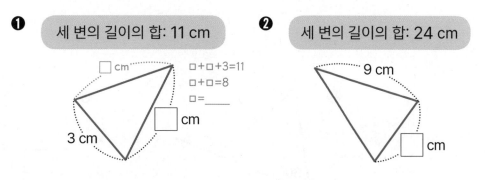

❶ 세 변의 길이의 합: 11 cm

□ cm
□+□+3=11
□+□=8
□=____
□ cm
3 cm

❷ 세 변의 길이의 합: 24 cm

9 cm
□ cm

성질 활용 **5**

이등변삼각형에서
크기가 같은 각을 먼저 찾아요.
→ ㉡ = ㉢
㉡ = ㉢, ㉠ + ㉡ + ㉢ = 180°
→ ㉠ = 180° − ㉡ − ㉡

이등변삼각형입니다. □ 안에 알맞은 각도를 써넣으세요.

이등변삼각형 각의 성질을 이용하여 어떤 각도도 알 수 있어요.

성질 1　이등변삼각형의 두 각의 크기는 같습니다.

➡ ★ = 55°

성질 2　삼각형의 세 각의 크기의 합은 180°입니다.

➡ □ + ★ + 55° = 180°
　　□ = 180° − 55° − 55° = 70°

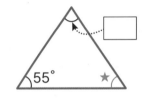

❶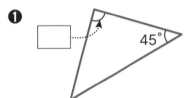

❷

❸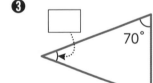

❹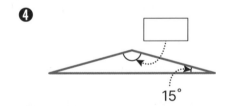

❺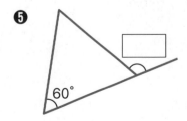

❻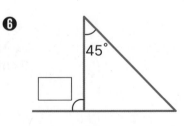

성질 활용 **6**

이등변삼각형이므로 ⓛ = ⓒ,
삼각형이므로

㉠ + ⓛ + ⓒ = 180°

→ ⓛ은 (180° − ㉠)의 절반!

이등변삼각형입니다. ☐ 안에 알맞은 각도를 써넣으세요.

이등변삼각형 각의 성질을 이용하여 어떤 각도도 알 수 있어요.

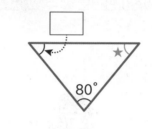

성질 1 이등변삼각형의 두 각의 크기는 같습니다.

➡ ★ = ☐

성질 2 삼각형의 세 각의 크기의 합은 180°입니다.

➡ ☐ + ★ + 80° = 180°

☐ + ☐ = 100°, ☐ = 50°

❶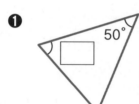

❷

❸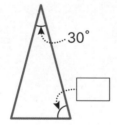

❹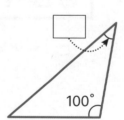

❺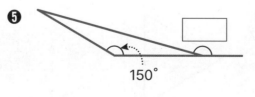

❻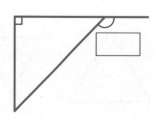

세 변의 길이가 같은 삼각형

두 변의 길이가 같은 삼각형을 이등변삼각형이라고 했어요. 그럼 세 변의 길이가 같은 삼각형도 있겠죠?

세 변의 길이가 같은 삼각형을 정삼각형이라고 합니다.

정삼각형은 세 변의 길이가 같기 때문에 이등변삼각형이라고도 할 수 있어요.

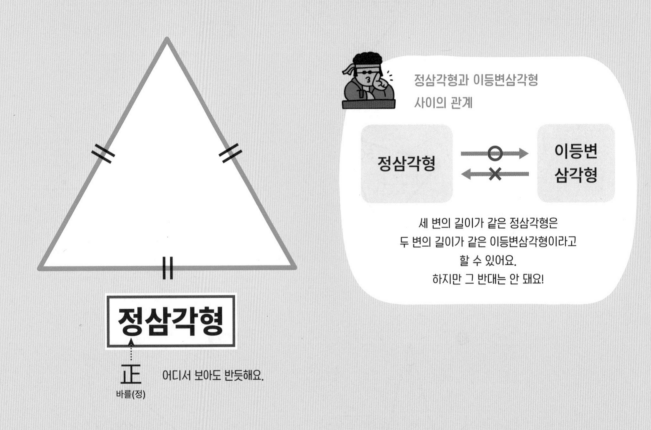

정삼각형

正 어디서 보아도 반듯해요.

바를(정)

정삼각형과 이등변삼각형
사이의 관계

정삼각형 ⟷ 이등변
삼각형

세 변의 길이가 같은 정삼각형은
두 변의 길이가 같은 이등변삼각형이라고
할 수 있어요.
하지만 그 반대는 안 돼요!

약속

정삼각형

세 변의 길이가 같은 삼각형

  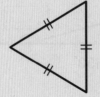

정삼각형은 모두
이등변삼각형이에요.

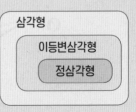

삼각형

이등변삼각형

정삼각형

정삼각형은 어떤 성질이 있을까요?

세 변의 길이가 같은 삼각형을 정삼각형이라고 약속했어요.

정삼각형은 세 변의 길이가 같을 뿐만 아니라 세 각의 크기도 60°로 같고,

두 변이 만나도록 어느 방향으로 접어도 포개져요.

정삼각형은
세 변의 길이가
같습니다.

정삼각형은
세 각의 크기가
60°로 같습니다.

성질

정삼각형 변의 성질

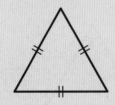

세 변의 길이가
같습니다.

정삼각형 각의 성질

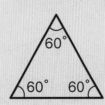

세 각의 크기가
같습니다.

모두 60°

15강 · 정삼각형

용어 약속 1

수학의 언어로 표현한
용어와 약속을 사용해요.

빈 곳에 알맞은 말을 쓰세요.

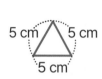
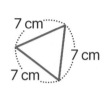
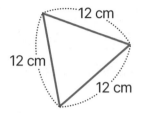

약속 정삼각형은 ＿＿＿변의 길이가 ＿＿＿＿＿＿삼각형입니다.

성질 확인 2

정삼각형입니다. □ 안에 알맞은 수를 써넣으세요.

❶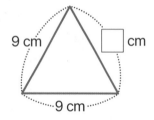

❷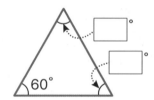

❸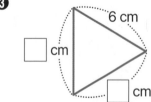

❹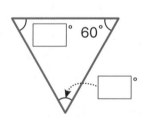

❺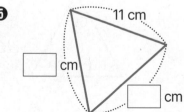

❻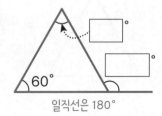

일직선은 180°

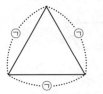

성질 활용 **3**

(세 변의 길이의 합) = ㉠×3
㉠ = (세 변의 길이의 합)÷3

정삼각형입니다. ☐ 안에 알맞은 수를 쓰세요.

❶ 세 변의 길이의 합: ☐ cm

5 cm

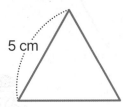

❷ 세 변의 길이의 합: 27 cm

☐ cm
☐ cm ☐ cm

❸ 세 변의 길이의 합: ☐ cm

7 cm

❹ 세 변의 길이의 합: 45 cm

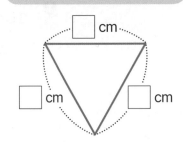

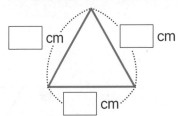

☐ cm ☐ cm
☐ cm

오개념 확인 **4**

정삼각형에 대한 설명입니다. 맞으면 ○표, 틀리면 ×표 하세요.

❶ 정삼각형은 세 변의 길이가 같습니다. ☐

❷ 정삼각형은 세 각의 크기가 다릅니다. ☐

❸ 정삼각형은 이등변삼각형이라고 할 수 있습니다. ☐

성질 활용 **5**

한 변의 길이가 3 cm인 정삼각형을 겹치지 않게 이어 붙여 만든 모양입니다.
빨간색 선의 길이는 몇 cm인지 구하세요.

❶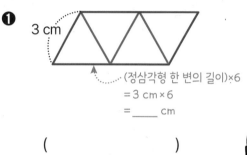

3 cm

(정삼각형 한 변의 길이)×6
= 3 cm × 6
= _____ cm

(   )

빨간색 선은 정삼각형
한 변이 몇 개인지 세어 보세요.

(빨간색 선의 길이)
= 정삼각형 한 변이 6개

❷

(   )

❸

(   )

❹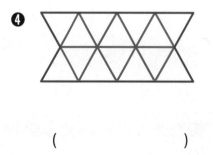

(   )

❺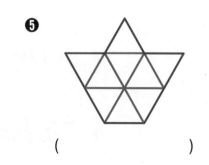

(   )

6

이등변삼각형과 정삼각형의 세 변의 길이의 합이 같아요.

정삼각형 한 변의 길이는 얼마일까요? ☐ 안에 알맞은 수를 써넣으세요.

❶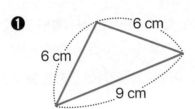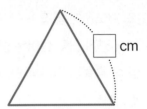

(이등변삼각형 세 변의 길이의 합)
= 6 cm + 6 cm + 9 cm
= 21 cm

(정삼각형 세 변의 길이의 합) = 21 cm
☐ × 3 = 21, ☐ = ____

❷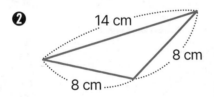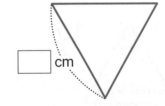

❸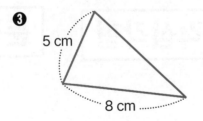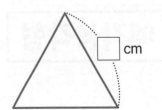

❹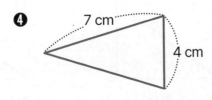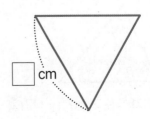

각의 크기에 따른 삼각형

삼각형 속 예각, 직각, 둔각

삼각형 속에는 세 개의 각이 있어요.

세 각이 모두 뾰족하게 예각인 삼각형이 있고, 직각이 있어서 반듯한 삼각형도 있으며,

둔각이 있어서 넓게 퍼져 보이는 삼각형도 있어요.

아래 삼각형 속 각들이 어떤 각인지 살펴보면서 각도에 따라 삼각형에 이름을 붙여 볼까요?

직각이 2개이거나
둔각이 2개인
삼각형은 없어요!

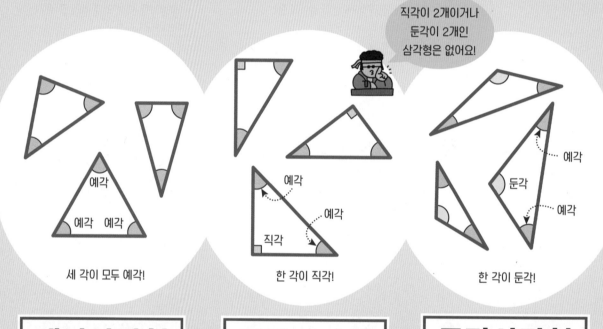

세 각이 모두 예각!

한 각이 직각!

한 각이 둔각!

예각삼각형 직각삼각형 둔각삼각형

약속

예각삼각형

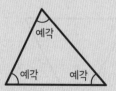

세 각이 모두 예각인 삼각형

직각삼각형

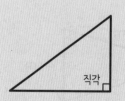

한 각이 직각인 삼각형

둔각삼각형

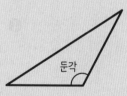

한 각이 둔각인 삼각형

두 개의 이름을 가진 삼각형

예각삼각형인데 두 변의 길이가 같은 삼각형이라면?

둔각삼각형인데 두 변의 길이가 같다면 어떤 삼각형이라고 불러야 할까요?

세 각이 모두 예각이면서 두 변의 길이가 같으면

예각삼각형, 이등변삼각형으로 2개의 이름을 가질 수 있어요.

알맞은 말에
O표 하고, 삼각형
이름을 붙여 주세요.

❶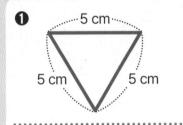
5 cm / 5 cm / 5 cm

• (한 , 두 ,㉭) 각이 모두 예각입니다. ➡ 예각삼각형

• (두 ,㉭) 변의 길이가 같습니다. ➡ 정삼각형

❷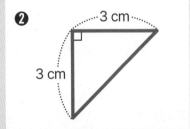
3 cm / 3 cm

• 한 각이 (예각 , 직각 , 둔각)입니다. ➡

• (두 , 세) 변의 길이가 같습니다. ➡

❸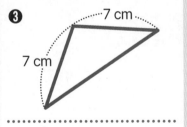
7 cm / 7 cm

• 한 각이 (예각 , 직각 , 둔각)입니다. ➡

• (두 , 세) 변의 길이가 같습니다. ➡

❹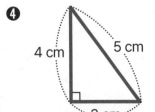
4 cm / 5 cm / 3 cm

• 한 각이 (예각 ,㉠직각, 둔각)입니다.
• 세 변의 길이가 모두
  (㉠다릅니다, 같습니다). ➡ 직각삼각형

넌 이름이
한 개구나!

16강 · 각의 크기에 따른 삼각형

용어 확인 **1**

삼각형을 예각삼각형, 직각삼각형, 둔각삼각형으로 분류하여 기호를 쓰세요.

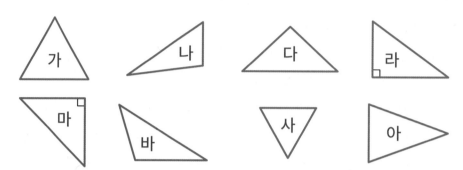

예각삼각형	직각삼각형	둔각삼각형

오개념 확인 **2**

삼각형에 대한 설명입니다. 맞으면 ○표, 틀리면 ×표 하세요.

❶ 직각삼각형은 한 각이 직각인 삼각형입니다. ·············· ☐

❷ 예각삼각형은 한 각이 예각인 삼각형입니다. ·············· ☐

❸ 정삼각형은 예각삼각형입니다. ·············· ☐

❹ 둔각삼각형은 세 변의 길이가 같습니다. ·············· ☐

성질 확인 **3**

두 각의 크기가 주어졌을 때,
나머지 한 각의 크기를 구해서
삼각형의 이름을 알 수 있어요.

삼각형의 이름이 될 수 있는 것을 모두 찾아 ○표 하세요.

❶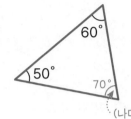

(나머지 한 각)
=180°-60°-50°=70°

이등변삼각형	정삼각형
예각삼각형	직각삼각형	둔각삼각형

❷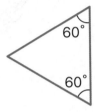

이등변삼각형	정삼각형
예각삼각형	직각삼각형	둔각삼각형

❸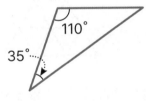

이등변삼각형	정삼각형
예각삼각형	직각삼각형	둔각삼각형

❹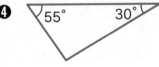

이등변삼각형	정삼각형
예각삼각형	직각삼각형	둔각삼각형

❺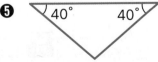

이등변삼각형	정삼각형
예각삼각형	직각삼각형	둔각삼각형

대표문제 1 그림에서 찾을 수 있는 크고 작은 정삼각형은
모두 몇 개일까요?

'크고 작은'이라는 말이 나오면 도형과 도형이 합쳐진 모양까지 생각해야 해요.

눈에 보이는 △ 모양의 개수만 세었나요?

'크고 작은 정삼각형'이라는 말은 작은 정삼각형도 있고,

큰 정삼각형도 있으니까 모두 찾으라는 뜻이에요.

숨어 있는 정삼각형까지 모두 찾아보세요!

❶ 도형에서 찾을 수 없는 정삼각형 모양에 ○표 하세요.

▶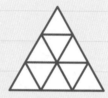

❷ 가장 작은 정삼각형의 개수에 따라 정삼각형이 몇 개씩 있는지 세어요.

▶ • 가장 작은 정삼각형 1개(△)로 이루어진 정삼각형 ➡ _____ 개

• 가장 작은 정삼각형 4개(◢◣)로 이루어진 정삼각형 ➡ _____ 개

• 가장 작은 정삼각형 9개( )로 이루어진 정삼각형 ➡ _____ 개

❸ 가장 작은 정삼각형의 개수별 정삼각형 수를 모두 더하세요.

▶ (크고 작은 정삼각형의 수) = _____ + _____ + _____ = _____ (개)

답 _____

문제 적용 **1**

그림에서 찾을 수 있는 크고 작은 정삼각형은 모두 몇 개인지 구하세요.

❶

(   )

❷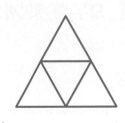

(   )

❸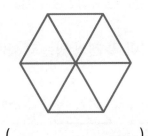

(   )

❹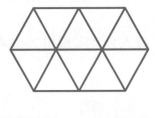

(   )

❺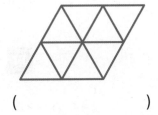

(   )

❻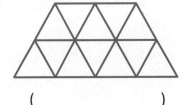

(   )

크고 작은 삼각형

대표문제 2

그림에서 찾을 수 있는 크고 작은 예각삼각형은
모두 몇 개일까요?

어떤 삼각형의 수를 구하는 문제일까요?

그냥 크고 작은 삼각형을 구하는 것이 아니라 예각삼각형을 찾아야 해요.

각각의 삼각형과 합쳐진 모양의 삼각형을 찾고

예각, 직각, 둔각 중 어떤 삼각형의 수를 구해야 하는지 유의하여 문제를 읽어요.

예각삼각형을 찾을 때 둔각삼각형이나 직각삼각형을 세면 안 돼요!

❶ 예각삼각형이란? 알맞은 말에 ○표 하세요.

▶ 예각삼각형이란 세 각이 모두 (예각 , 직각 , 둔각)인 삼각형입니다.

❷ 작은 삼각형의 개수에 따라 예각삼각형이 몇 개씩 있는지 세어 보세요.

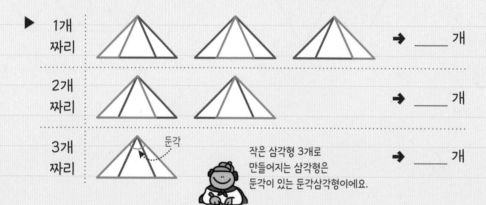

▶ 1개
짜리   ➡ _____ 개

2개
짜리   ➡ _____ 개

3개
짜리   둔각   작은 삼각형 3개로   ➡ _____ 개
                만들어지는 삼각형은
                둔각이 있는 둔각삼각형이에요.

❸ 작은 삼각형의 개수별 예각삼각형 수를 모두 더하세요.

▶ (크고 작은 예각삼각형 수) = _____ + _____ + _____ = _____ (개)

답 _____

복습

문제 적용 **2**

예각삼각형은 세 각이 모두
예각이에요.

그림에서 찾을 수 있는 크고 작은 예각삼각형은 모두 몇 개인지 구하세요.

❶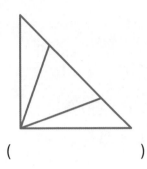

(　　　　　　　)

❷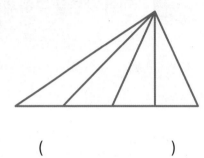

(　　　　　　　)

문제 적용 **3**

직각삼각형은 직각이 1개,
예각이 2개 있어요.

그림에서 찾을 수 있는 크고 작은 직각삼각형은 모두 몇 개인지 구하세요.

❶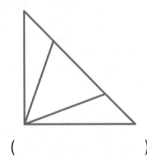

(　　　　　　　)

❷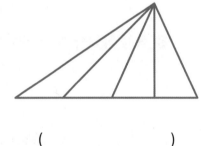

(　　　　　　　)

문제 적용 **4**

둔각삼각형은 둔각이 1개,
예각이 2개 있어요.

그림에서 찾을 수 있는 크고 작은 둔각삼각형은 모두 몇 개인지 구하세요.

❶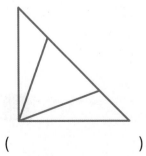

(　　　　　　　)

❷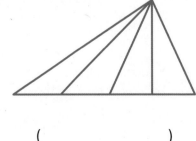

(　　　　　　　)

대표문제 1 두 직각 삼각자를 일직선에 놓았습니다.
㉠의 각도를 구하세요.

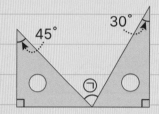

직각 삼각자 2개에 있는 세 각의 크기를 알아 두자!

직각 삼각자는 세 각의 크기가 각각
(30°, 60°, 90°)인 것과 (45°, 45°, 90°) 인 것
2가지가 있어요. 세 각의 크기를 알아 둡시다!

❶ 직각 삼각자에서 ㉡과 ㉢의 각도를 각각 구하세요.

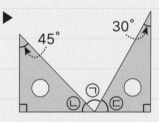

㉡ = 180° − 90° − 45° = _____

㉢ = 180° − 90° − 30° = _____

직각 삼각자의 각도를
외워서도 ㉡과 ㉢의
각도를 알 수 있어요.

❷ ㉠의 각도를 구하세요.

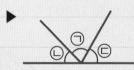

일직선은 _____°이므로 ㉠ = 180° − ㉡ − ㉢

$$= 180° − \underline{\hspace{1cm}} − \underline{\hspace{1cm}}$$

$$= \underline{\hspace{1cm}}$$

답 _____

복습

두 직각 삼각자를 그림과 같이 놓았습니다. ㉠의 각도를 구하세요.

❶
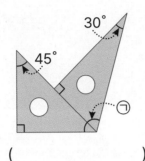

(   )

❷
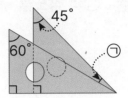

(   )

❸
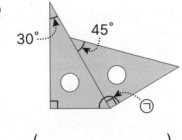

(   )

❹
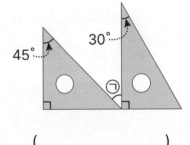

(   )

❺
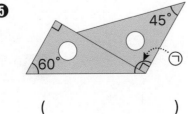

(   )

❻
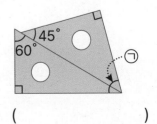

(   )

직각 삼각자

특강

대표문제 2

두 직각 삼각자를 겹쳐 놓았습니다.
㉠의 각도를 구하세요.

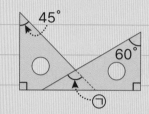

구하는 각이 포함된 삼각형을 찾아요.

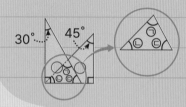

직각 삼각자를 겹쳐서 만들어진
작은 삼각형을 찾아 표시해 보세요.
그리고 삼각형 세 각의 크기의 합이
180°임을 이용하여 답을 찾아갑니다.

❶ 직각 삼각자에서 ㉡과 ㉢의 각도를 각각 구하세요.

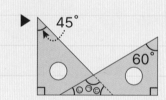

㉡ = 180° − 90° − 60° = _____

㉢ = 180° − 90° − 45° = _____

❷ ㉠의 각도를 구하세요.

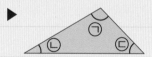

삼각형 세 각의 크기의 합은 _____이므로

㉠ = 180° − ㉡ − ㉢

  = 180° − _____ − _____

  = _____

답 _____

문제 적용 **2**

두 직각 삼각자를 겹쳐 놓았습니다. ㉠의 각도를 구하세요.

❶
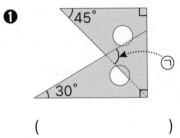

(   )

❷
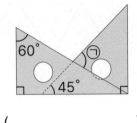

(   )

❸
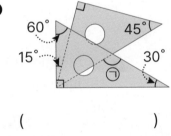

(   )

❹
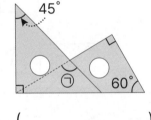

(   )

❺
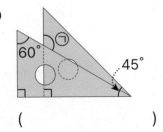

(   )

❻
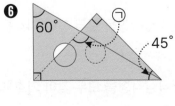

(   )

1 삼각형인 것에 ○표 하세요.

(   ) (   ) (   ) (   )

2 삼각형을 보고 물음에 답하세요.

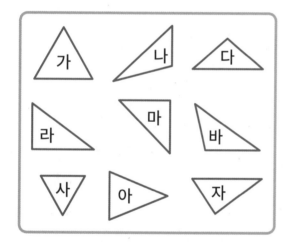

(1) 이등변삼각형을 모두 찾아 기호를 쓰세요.

(   )

(2) 정삼각형을 모두 찾아 기호를 쓰세요.

(   )

(3) 예각삼각형을 모두 찾아 기호를 쓰세요.

(   )

(4) 둔각삼각형을 모두 찾아 기호를 쓰세요.

(   )

3 도형에서 ㉠의 각도를 구하세요.

(1)

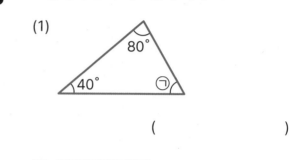

(   )

(2)

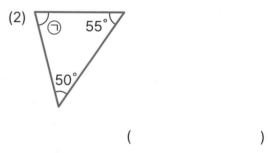

(   )

4 이등변삼각형입니다. □ 안에 알맞은 수를 써넣으세요.

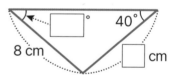

5 정삼각형입니다. □ 안에 알맞은 수를 써넣으세요.

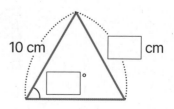

6 이등변삼각형입니다. 삼각형의 세 변의 길이의 합은 몇 cm인지 구하세요.

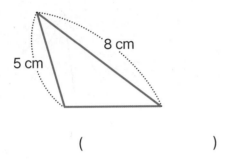

(   )

7 도형에서 ㉠과 ㉡의 각도의 합을 구하세요.

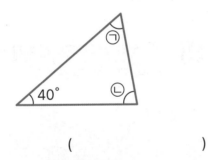

(   )

8 길이가 36 cm인 철사를 사용하여 만들 수 있는 가장 큰 정삼각형 한 변의 길이를 구하세요.

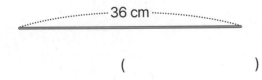

(   )

9 삼각형의 이름이 될 수 있는 것을 모두 찾아 ○표 하세요.

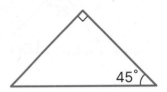

| 이등변삼각형 | 정삼각형 |
| 예각삼각형 | 직각삼각형 | 둔각삼각형 |

10 이등변삼각형과 정삼각형의 세 변의 길이의 합은 같습니다. 정삼각형 한 변의 길이는 몇 cm인지 구하세요.

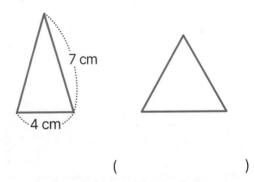

(   )

11 이등변삼각형입니다. ㉠의 각도를 구하세요.

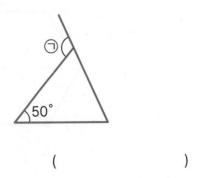

(   )

12 도형에서 ㉠의 각도를 구하세요.

(1)

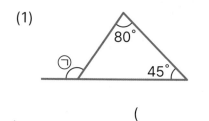

( )

(2)

( )

13 정삼각형을 겹치지 않게 이어 붙여 만든 모양입니다. 빨간색 선의 길이는 몇 cm인지 구하세요.

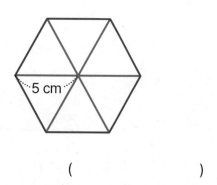

( )

14 그림에서 찾을 수 있는 크고 작은 예각삼각형은 모두 몇 개인지 구하세요.

( )

15 두 직각 삼각자를 겹치지 않게 붙였습니다. ㉠의 각도를 구하세요.

(1)

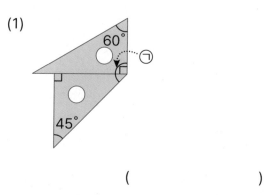

( )

(2)

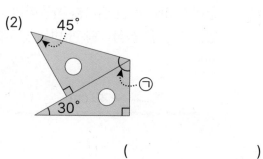

( )

20강 사각형

사각형과 이름

평면도형의 이름은 도형의 뜻과 성질을 포함하고 있어요.

각이 **3**개이면 **삼**각형, 각이 **4**개이면 **사**각형이에요.

각이 5개, 6개이면…… 말 안 해도 왠지 알 것 같죠?

그럼 이 도형을 다른 나라에서는 어떻게 부르고, 어떻게 이름을 붙였을까요?

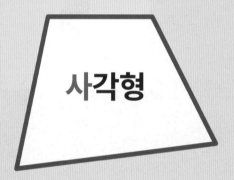

한자어	三角形	四角形
	석(삼) 뿔(각) 모양(형)	넉(사) 뿔(각) 모양(형)
	세 개의 각이 있는 모양	네 개의 각이 있는 모양
영어	**tri**angle	**quadr**angle

약속

사각형

네 개의 선분으로 둘러싸인 도형

성질

사각형의 성질

- 변이 4개 있습니다.
- 꼭짓점이 4개 있습니다.
- 각이 4개 있습니다.

사각형의 종류와 이름

평범한 사각형에 생김새의 특징을
하나씩 추가하면서 새로운 사각형을
만들어 봅시다.

난 별 특징 없는
평범한 **사각형**이야.

한 쌍의 변이
평행한 특징 추가

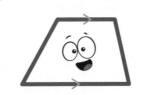

난 한 쌍이 평행한
사다리꼴이야.

다른 쌍의 변도
평행한 특징 추가

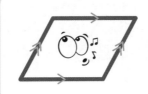

난 두 쌍이 평행한
평행사변형이지.

네 각이 직각인
특징 추가

네 변의 길이가
같은 특징 추가

난 **직사각형**!
모두 직각이야.
두 쌍의 변도 평행하냐고?
그건 당연하지!

난
마름모.

난 두 쌍의 변이 평행하고,
네 각이 모두 직각이며,
네 변의 길이까지 모두 같은
정사각형이라고 해!!

용어 약속 **1**

수학의 언어로 표현한
용어와 약속을 사용해요.

빈 곳에 알맞은 말을 쓰세요.

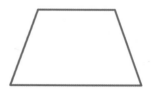

약속 사각형은 _____ 개의 _____으로 둘러싸인 도형입니다.

오개념 서술 **2**

사각형의 약속 중 3가지
조건을 모두 만족해야
사각형이라고 할 수 있어요.
또, 아닌 이유를 쓸 때는
잘못된 부분만 콕! 짚어서
쓰세요.

다음 도형은 사각형이 아닙니다.

사각형의 약속 중 3가지 조건을 체크하고, 사각형이 아닌 이유를 쓰세요.

보기

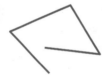

이유: 선분으로 둘러싸여 있지 않기 때문입니다.

사각형 체크리스트 ✔	
■ (선이) 4개?	✔
■ 모두 선분?	✔
■ 둘러싸였나?	☐

❶

이유: _____

사각형 체크리스트 ✔	
■ (선이) 4개?	☐
■ 모두 선분?	☐
■ 둘러싸였나?	☐

❷

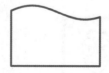

이유: _____

사각형 체크리스트 ✔	
■ (선이) 4개?	☐
■ 모두 선분?	☐
■ 둘러싸였나?	☐

용어 확인 **3**

점판 위에 서로 다른 사각형을 그리세요.

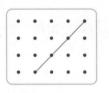

네 점을 일직선으로 이으면
안 돼요!

❶

❷
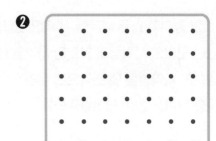

❸

❹

오개념 확인 **4**

사각형에 대한 설명입니다. 맞으면 ○표, 틀리면 ✕표 하세요.

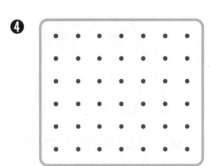

❶　세 개의 선분으로 둘러싸인 도형은 사각형입니다. ⋯⋯⋯⋯ ☐

❷　사각형의 변은 4개입니다. ⋯⋯⋯⋯ ☐

❸　사각형의 꼭짓점 수와 각의 수는 같습니다. ⋯⋯⋯⋯ ☐

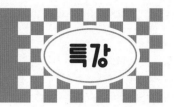
사각형 네 각의 크기를 더하면?

네 변의 길이가 같은 사각형, 네 각의 크기가 같은 사각형, 크기가 큰 사각형, 크기가 작은 사각형 등
다양한 모양의 사각형이 있지만 사각형 네 각의 크기의 합은 항상 360°예요.
왜냐하면 사각형을 네 조각으로 잘라 네 꼭짓점이 한 점에 모이도록 이어 붙이면 360°가 되기 때문이죠.
그림을 보면서 같이 알아볼까요?

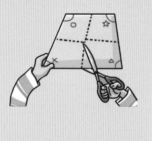

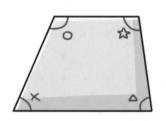

❶ 사각형의 네 각을 표시한 후
네 조각으로 잘라요.

❷ 사각형의 네 꼭짓점이
한 점에서 모이도록
겹치지 않게 이어 붙여요.

네 각이 모여서
○ + ✕ + △ + ☆
⋯⋯⋯⋯⋯⋯⋯⋯⋯⋯⋯⋯⋯⋯⋯⋯▶
한 바퀴를 돌아요.
360°

공식

사각형의 네 각의 크기의 합은 360°입니다.

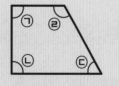

㉠ + ㉡ + ㉢ + ㉣ = 360°

사각형은 삼각형이 2개!

사각형 네 각의 크기의 합은
180°가 2개 있는 것과 같아요.
→ 180° × 2 = 360°

복습

공식 확인　**1**

사각형 네 각의 크기의 합은
360°

㉠+㉡+㉢+㉣=360°
→ ㉠=360°−㉡−㉢−㉣

도형에서 ㉠의 각도를 구하세요.

❶
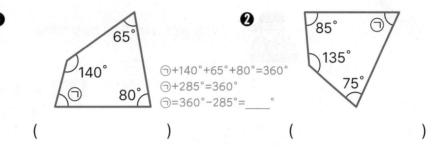

㉠+140°+65°+80°=360°
㉠+285°=360°
㉠=360°−285°=＿＿＿°

(　　　　　　　　)

❷

(　　　　　　　　)

❸
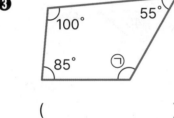

(　　　　　　　　)

❹
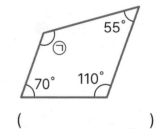

(　　　　　　　　)

❺
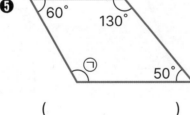

(　　　　　　　　)

❻
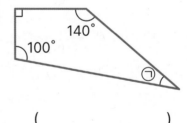

(　　　　　　　　)

❼
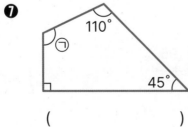

(　　　　　　　　)

❽
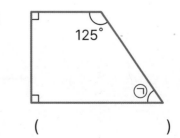

(　　　　　　　　)

95

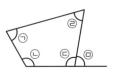

⊙+ⓒ+ⓒ+ⓔ=360°

ⓒ+ⓜ=180°

도형에서 ⊙의 각도를 구하세요.

사각형 성질과 네 각의 크기의 합을 잘 기억해요.

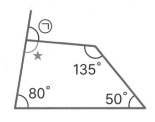

성질 1 사각형 네 각의 크기의 합은 360°

➡ ★+80°+50°+135°=360°

★=360°−265°=95°

성질 2 일직선은 180°

➡ ★+⊙=180°, ⊙=180°−★=85°

❶

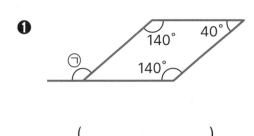

(   )

❷

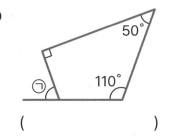

(   )

❸

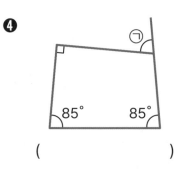

(   )

❹

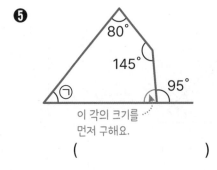

(   )

❺

이 각의 크기를
먼저 구해요.

(   )

❻

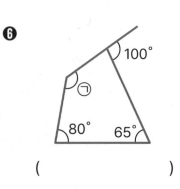

(   )

96

공식 활용 **3**

도형에서 ㉠과 ㉡의 각도의 합을 구하세요.

㉠과 ㉡의 각도의 합을 하나로 생각해요.

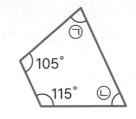

비법 ㉠과 ㉡의 각도를 각각 알 수 없으므로 ㉠+㉡을 하나로 생각하고 답을 구해요.
사각형 네 각의 크기의 합은 360°이므로
➡ 115°+105°+㉠+㉡=360°
   ㉠+㉡=360°−220°=140°

❶
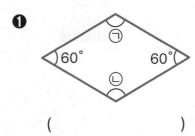
(   )

❷
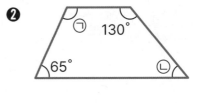
(   )

❸
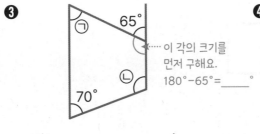
······ 이 각의 크기를
먼저 구해요.
180°−65°=＿＿°
(   )

❹
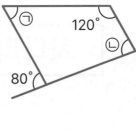
(   )

❺
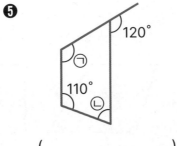
(   )

❻
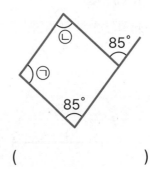
(   )

평행한 변이 있는 사각형

지금부터는 사각형 중에서 특별한 모양의 사각형을 알아볼 거예요.

사각형에는 4개의 변이 있어요.

네 변 중에서 평행한 변이 한 쌍이라도 있는 사각형을 사다리꼴이라고 합니다.

사다리꼴도 사각형이기 때문에 사각형의 성질을 모두 가지고 있어요.

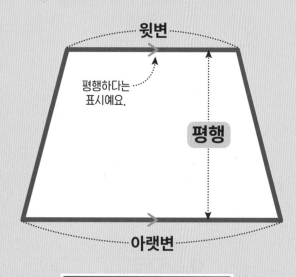

사다리꼴

사다리꼴은 사다리를 세워 놓은 모양과 닮았다고 해서 붙여진 이름이에요.

위, 아래가 평행하니까 사다리꼴!

약속

사다리꼴

평행한 변이 한 쌍이라도 있는 사각형

두 쌍의 변이 평행해도 사다리꼴이에요.

약속 확인 **1**

───────────
───────────

평행한 선은 아무리 길게 늘여도
만나지 않아요.

사다리꼴을 찾아 ○표 하세요.

❶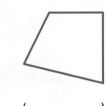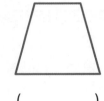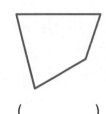

(   )   (   )   (   )   (   )

❷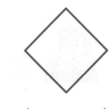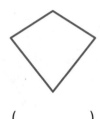

(   )   (   )   (   )   (   )

오개념 확인 **2**

사다리꼴에 대한 설명입니다. 맞으면 ○표, 틀리면 ×표 하세요.

❶   사다리꼴은 4개의 선분으로 둘러싸여 있습니다. ⋯⋯⋯⋯⋯ ☐

❷   사다리꼴은 3개의 각이 있습니다. ⋯⋯⋯⋯⋯ ☐

❸   사다리꼴은 평행한 변이 있습니다. ⋯⋯⋯⋯⋯ ☐

❹   평행한 변이 두 쌍인 사각형은 사다리꼴이 아닙니다. ⋯⋯⋯⋯⋯ ☐

평행한 변이 두 쌍인 사각형

한 쌍의 변이 평행한 사각형은 사다리꼴이라고 불러요.

그럼 **두 쌍의 변이 평행한 사각형**도 있겠죠?

그림처럼 마주 보는 두 쌍의 변이 서로 평행한 사각형을 **평행사변형**이라고 해요.

평행사변형에는 평행한 변이 있으므로 사다리꼴이라고도 할 수 있어요.

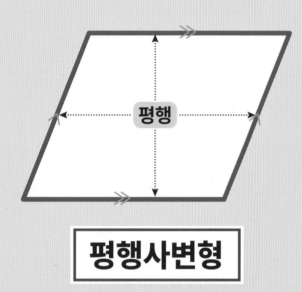

평행사변형

평행사변형과 사다리꼴
사이의 관계

| 평행사변형 | ⇄ | 사다리꼴 |

두 쌍의 변이 평행한 평행사변형은
한 쌍의 변이 평행한
사다리꼴이라고 할 수 있어요.
하지만 그 반대는 안 돼요!

약속

평행사변형

마주 보는 두 쌍의 변이 서로 평행한 사각형

평행사변형은 모두
사다리꼴이에요.

평행사변형은 어떤 성질이 있을까요?

마주 보는 두 쌍의 변이 서로 평행한 사각형을 평행사변형이라고 약속했어요.

평행사변형은 마주 보는 두 쌍의 변이 평행할 뿐만 아니라 두 변의 길이가 서로 같아요.

또한 마주 보는 두 각의 크기도 각각 같답니다.

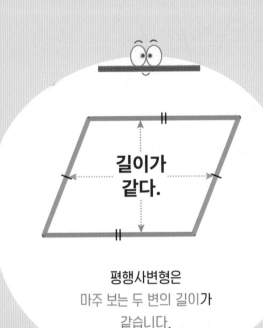

길이가
같다.

평행사변형은
마주 보는 두 변의 길이가
같습니다.

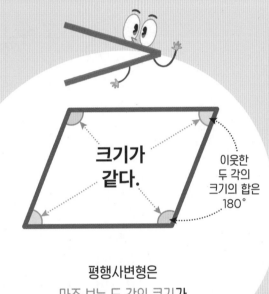

크기가
같다.

이웃한
두 각의
크기의 합은
180°

평행사변형은
마주 보는 두 각의 크기가
같습니다.

성질

평행사변형 변의 성질

마주 보는 두 변의 길이가 같습니다.

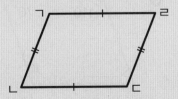

(변 ㄱㄴ)=(변 ㄹㄷ), (변 ㄱㄹ)=(변 ㄴㄷ)

평행사변형 각의 성질

마주 보는 두 각의 크기가 같습니다.

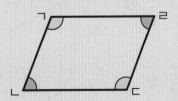

(각 ㄱㄴㄷ)=(각 ㄷㄹㄱ), (각 ㄹㄱㄴ)=(각 ㄴㄷㄹ)

약속 확인 **1**

마주 보는 두 쌍의 변이 평행한
사각형을 찾아요.

평행사변형을 모두 찾아 기호를 쓰세요.

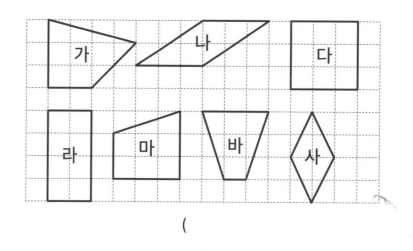

(   )

성질 확인 **2**

평행사변형입니다. ☐ 안에 알맞은 수를 써넣으세요.

❶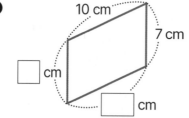

❷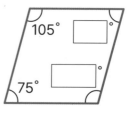

❸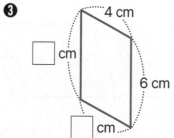

❹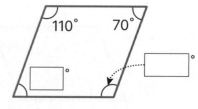

평행사변형입니다. 네 변의 길이의 합은 몇 cm인지 구하세요.

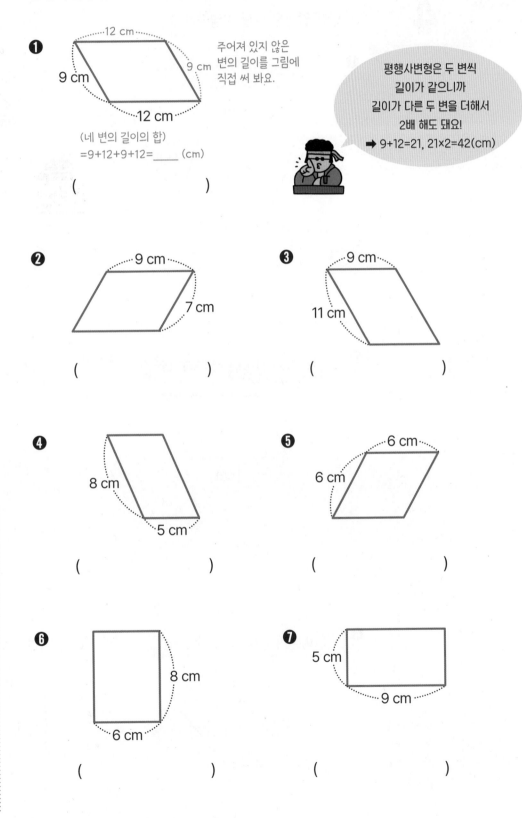

❶
12 cm
9 cm
9 cm
12 cm

주어져 있지 않은
변의 길이를 그림에
직접 써 봐요.

(네 변의 길이의 합)
=9+12+9+12=＿＿＿ (cm)

(   )

평행사변형은 두 변씩
길이가 같으니까
길이가 다른 두 변을 더해서
2배 해도 돼요!
➡ 9+12=21, 21×2=42(cm)

❷
9 cm
7 cm

(   )

❸
9 cm
11 cm

(   )

❹
8 cm
5 cm

(   )

❺
6 cm
6 cm

(   )

❻
8 cm
6 cm

(   )

❼
5 cm
9 cm

(   )

성질 활용 **4**

평행사변형 네 변의 길이의 합이 다음과 같습니다.

□ 안에 알맞은 수를 써넣으세요.

❶ 네 변의 길이의 합: 40 cm

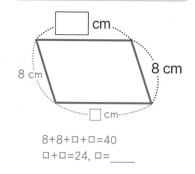

이렇게 구할 수도 있어요!
(네 변의 길이의 합)
= (이웃한 두 변의 길이의 합)의 반
➡ 8+□=40÷2
8+□=20, □=12

8+8+□+□=40
□+□=24, □=＿＿＿

❷ 네 변의 길이의 합: 30 cm

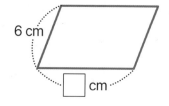

❸ 네 변의 길이의 합: 22 cm

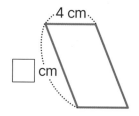

❹ 네 변의 길이의 합: 44 cm

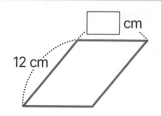

❺ 네 변의 길이의 합: 32 cm

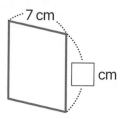

성질 활용　**5**

평행사변형입니다. ㉠의 각도를 구하세요.

❶
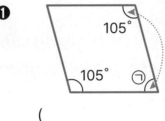

105°

105°

㉠

이웃한 두 각의
크기의 합은 180°
→ ㉠+105°=180°
　㉠=＿＿°

(　　　　　　　)

❷
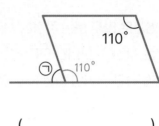

110°

㉠　110°

(　　　　　　　)

❸
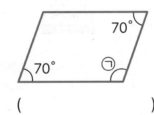

70°

70°　㉠

(　　　　　　　)

❹
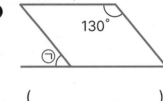

130°

㉠

(　　　　　　　)

❺
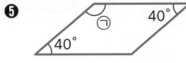

㉠　40°

40°

(　　　　　　　)

❻
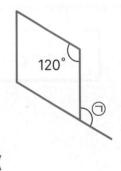

120°

㉠

(　　　　　　　)

❼

㉠

(　　　　　　　)

❽
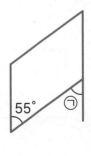

55°　㉠

(　　　　　　　)

네 각의 크기가 모두 같은 사각형

평행사변형은 마주 보는 각끼리 서로 크기가 같았어요.

마주 보는 각 뿐만 아니라 모든 각의 크기가 같은 사각형이 있어요. 바로 **직사각형**이죠.

사각형 네 각의 크기의 합은 360°이므로 **직사각형의 각은 모두 90°**, **직각**이에요.

네 각이 모두 직각,
90°로 크기가 같아요.

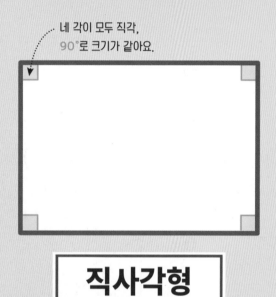

직사각형

평행사변형이 직사각형이
되고 싶다면?

평행사변형의 한 각이 직각이면
직사각형과 모양이 같아져요.

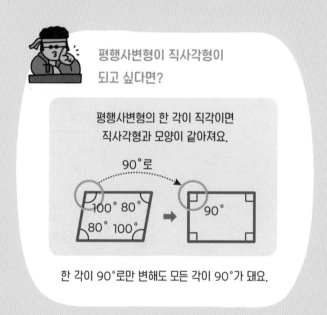

한 각이 90°로만 변해도 모든 각이 90°가 돼요.

약속

직사각형

네 각의 크기가 모두 같은 사각형

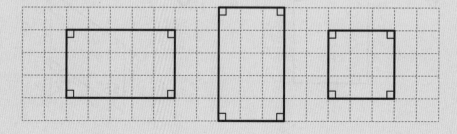

모두 직각이라
반듯반듯하네.

직사각형은 어떤 성질이 있을까요?

네 각이 모두 직각으로 같은 사각형은 직사각형이에요.
직사각형은 네 각의 크기가 모두 같을 뿐만 아니라
마주 보는 두 쌍의 변이 서로 평행하고, 길이가 같아요.

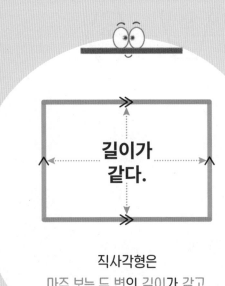

직사각형은
마주 보는 두 변의 길이가 같고,
서로 평행합니다.

직사각형은
모든 각의 크기가
90°로 같습니다.

성질

직사각형 변의 성질

마주 보는 두 변의 길이가 같습니다.

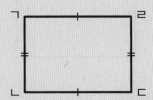

(변 ㄱㄴ)=(변 ㄹㄷ), (변 ㄱㄹ)=(변 ㄴㄷ)

직사각형 각의 성질

네 각의 크기가 모두 90°입니다.

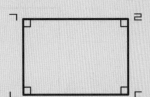

(각 ㄱㄴㄷ)=(각 ㄴㄷㄹ)=(각 ㄷㄹㄱ)=(각 ㄹㄱㄴ)

약속 확인	**1**

네 각이 모두 직각인 사각형을
찾아요.

직사각형을 모두 찾아 기호를 쓰세요.

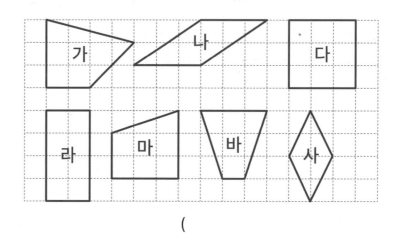

(   )

성질 확인	**2**

직사각형입니다. ☐ 안에 알맞은 수를 써넣으세요.

❶
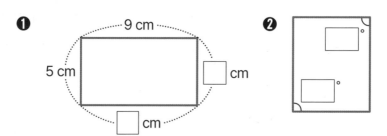

9 cm
5 cm
☐ cm
☐ cm

❷

❸
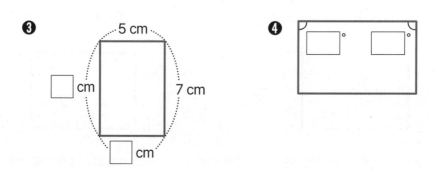

5 cm
☐ cm
7 cm
☐ cm

❹

성질 활용 3

직사각형입니다. 네 변의 길이의 합은 몇 cm인지 구하세요.

❶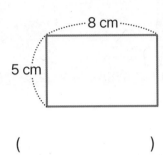

(   )

❷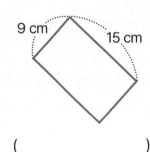

(   )

성질 활용 4

직사각형 네 변의 길이의 합이 다음과 같습니다. ☐ 안에 알맞은 수를 써넣으세요.

❶ 네 변의 길이의 합: 30 cm

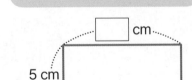

❷ 네 변의 길이의 합: 36 cm

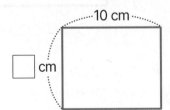

❸ 네 변의 길이의 합: 34 cm

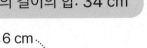

❹ 네 변의 길이의 합: 48 cm

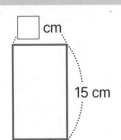

네 변의 길이가 같은 사각형

네 각의 크기가 모두 같은 사각형이 직사각형이라면
네 변의 길이가 모두 같은 사각형은 마름모라고 불러요.
마름모 모양 색종이를 반으로 두 번 접으면 네 변이 서로 맞닿아 직각삼각형 모양으로 포개져요.

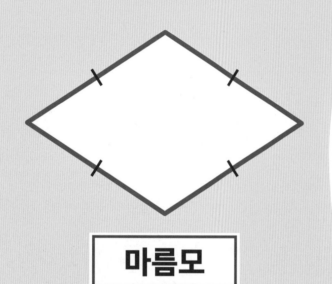

마름모

평행사변형이 마름모가
되고 싶다면?

평행사변형의 이웃한 두 변의 길이가 같아지면
마름모 모양이 됩니다.

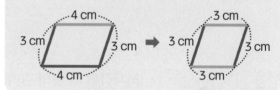

한 변의 길이를 3 cm로 바꾸면 마주 보는
나머지 한 변의 길이가 따라서 바뀌어요.

약속

마름모
네 변의 길이가 모두 같은 사각형

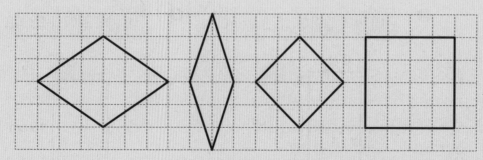

마름모는 어떤 성질이 있을까요?

네 변의 길이가 모두 같은 사각형은 마름모예요.

마름모는 네 변의 길이가 모두 같을 뿐만 아니라 마주 보는 두 쌍의 변이 서로 평행해요.

또한 평행사변형처럼 마주 보는 두 각의 크기가 각각 같답니다.

마름모는
마주 보는 두 쌍의 변이
서로 평행합니다.

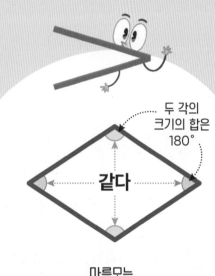

두 각의
크기의 합은
180°

같다

마름모는
마주 보는 두 각의 크기가
같습니다.

성질

마름모 변의 성질

마주 보는 두 변이 서로 평행하고,
네 변의 길이가 모두 같습니다.

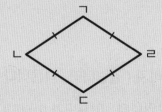

(변 ㄱㄴ)=(변 ㄴㄷ)=(변 ㄷㄹ)=(변 ㄹㄱ)

마름모 각의 성질

마주 보는 두 각의 크기가 같습니다.

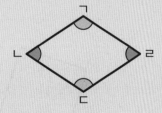

(각 ㄱㄴㄷ)=(각 ㄱㄹㄷ), (각 ㄴㄱㄹ)=(각 ㄴㄷㄹ)

약속 확인 1

네 변의 길이가 모두 같은
사각형을 찾아요.

마름모를 모두 찾아 기호를 쓰세요.

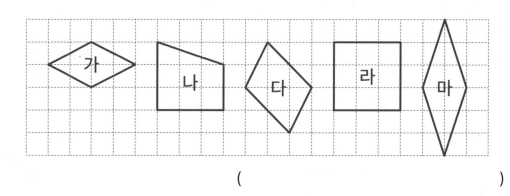

(   )

약속 확인 2

사각형을 보고 알맞은 말에 ○표 하세요.

❶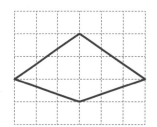

네 변의 길이가 (같습니다 , 다릅니다).

→ (마름모입니다 , 마름모가 아닙니다).

❷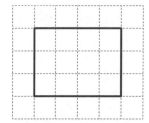

네 변의 길이가 (같습니다 , 다릅니다).

→ (마름모입니다 , 마름모가 아닙니다).

❸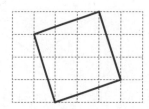

네 변의 길이가 (같습니다 , 다릅니다).

→ (마름모입니다 , 마름모가 아닙니다).

마름모입니다. □ 안에 알맞은 수를 써넣으세요.

❶
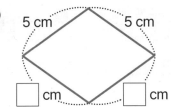

❷
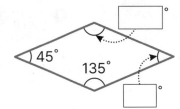

❸
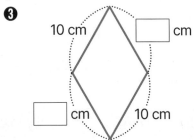

❹
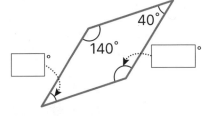

❺
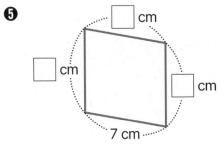

❻
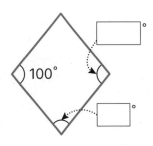

❼
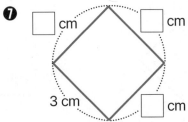

❽
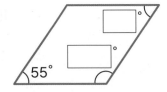

성질 활용 **4**

마름모는 네 변의 길이가
같아요.

(네 변의 길이의 합)
=(한 변의 길이)×4
(한 변의 길이)
=(네 변의 길이의 합)÷4

마름모입니다. ☐ 안에 알맞은 수를 쓰세요.

❶ 네 변의 길이의 합: ☐ cm

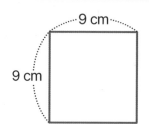

9 cm

9 cm

❷ 네 변의 길이의 합: 24 cm

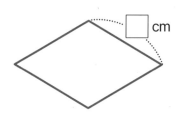

☐ cm

❸ 네 변의 길이의 합: ☐ cm

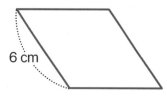

6 cm

❹ 네 변의 길이의 합: 32 cm

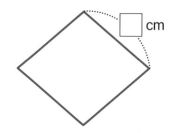

☐ cm

❺ 네 변의 길이의 합: ☐ cm

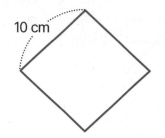

10 cm

❻ 네 변의 길이의 합: 44 cm

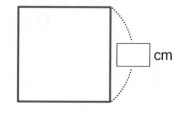

☐ cm

성질 활용 **5**

마름모입니다. ㉠의 각도를 구하세요.

❶
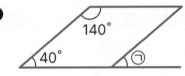
140°
40°
㉠

(   )

❷
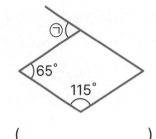
㉠
65°
115°

(   )

❸
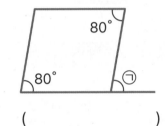
80°
80°
㉠

(   )

❹
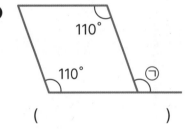
110°
110°
㉠

(   )

❺
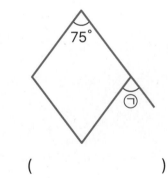
75°
㉠

(   )

❻
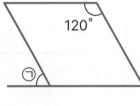
120°
㉠

(   )

❼
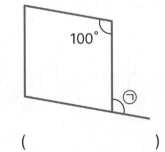
100°
㉠

(   )

❽
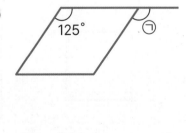
125°
㉠

(   )

네 각의 크기와 네 변의 길이가 모두 같은 사각형

네 각의 크기가 모두 같은 사각형은 직사각형, 네 변의 길이가 모두 같은 사각형은 마름모예요.

그렇다면 네 각의 크기와 네 변의 길이가 모두 같은 사각형도 있을까요?

바로 정사각형이에요.

정삼각형처럼 어디서 보아도 반듯반듯한 사각형이에요.

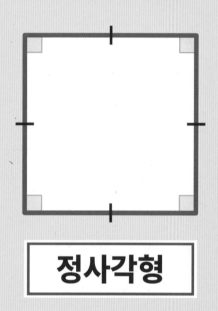

정사각형

정삼각형 vs 정사각형

	정삼각형	정사각형
모양	△	□
변의 개수	3개	4개
각의 개수	3개	4개
한 각의 크기	60°	90°
공통점	모든 변의 길이가 같아요. 모든 각의 크기가 같아요.	

약속

정사각형

네 각이 모두 직각이고, 네 변의 길이가 모두 같은 사각형

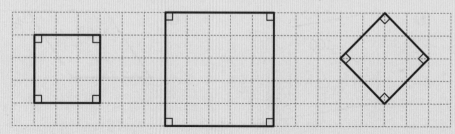

정사각형이 되려면?

네 각이 모두 직각인 직사각형, 네 변의 길이가 모두 같은 마름모를 정사각형이라고 할 수 있을까요?

두 사각형 모두 정사각형이라고 할 수 없어요.

변과 각, 2가지 조건을 모두 만족해야만 정사각형이 될 수 있기 때문이죠.

그럼 각각 어떤 조건을 더해서 정사각형을 만들 수 있을까요?

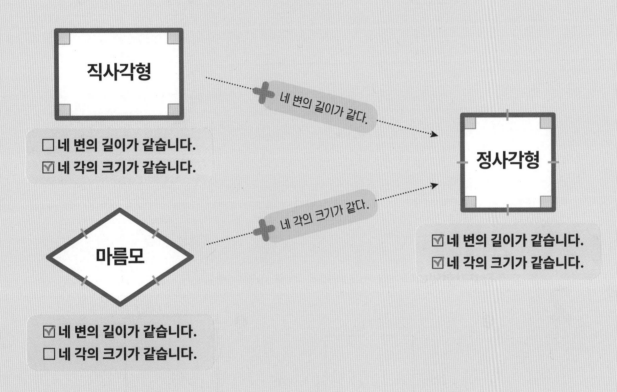

성질

정사각형 변의 성질

네 변의 길이가 모두 같습니다.

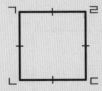

(변 ㄱㄴ)=(변 ㄴㄷ)=(변 ㄷㄹ)=(변 ㄹㄱ)

정사각형 각의 성질

네 각의 크기가 90°로 같습니다.

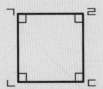

(각 ㄱㄴㄷ)=(각 ㄴㄷㄹ)=(각 ㄷㄹㄱ)=(각 ㄹㄱㄴ)

약속 확인 **1**

정사각형을 모두 찾아 기호를 쓰세요.

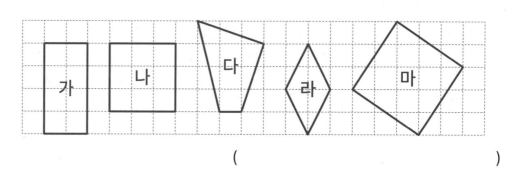

(   )

성질 확인 **2**

정사각형입니다. ☐ 안에 알맞은 수를 써넣으세요.

❶
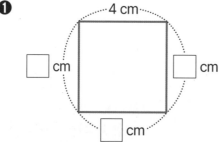

❷
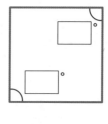

❸
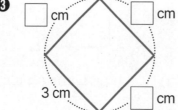

❹
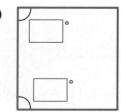

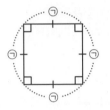

(네 변의 길이의 합)=㉠×4
㉠=(네 변의 길이의 합)÷4

정사각형입니다. ☐ 안에 알맞은 수를 써넣으세요.

❶ 네 변의 길이의 합: ☐ cm

8 cm

❷ 네 변의 길이의 합: 40 cm

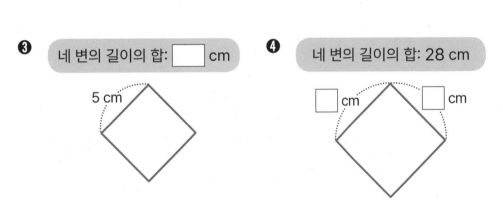

☐ cm

☐ cm

❸ 네 변의 길이의 합: ☐ cm

5 cm

❹ 네 변의 길이의 합: 28 cm

☐ cm   ☐ cm

정사각형에 대한 설명입니다. 맞으면 ○표, 틀리면 ✕표 하세요.

❶ 정사각형의 네 각의 크기는 모두 같습니다. ·············· ☐

❷ 정사각형은 마주 보는 두 변이 서로 평행합니다. ·············· ☐

❸ 정사각형은 이웃하는 두 변의 길이가 다릅니다. ·············· ☐

성질 활용 5

한 변의 길이가 5 cm인 정사각형을 겹치지 않게 이어 붙여 만든 모양입니다.
빨간색 선의 길이는 몇 cm인지 구하세요.

❶

(빨간색 선의 길이)
= (정사각형 한 변의 길이)×8
= 5 cm×8
= _____ cm

빨간색 선에 정사각형 한 변이 몇 개인지 세어 보세요.

(   )

❷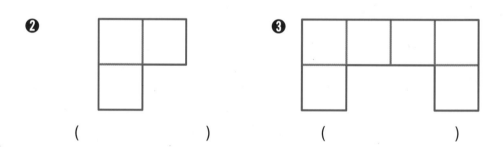

(   )

❸

(   )

❹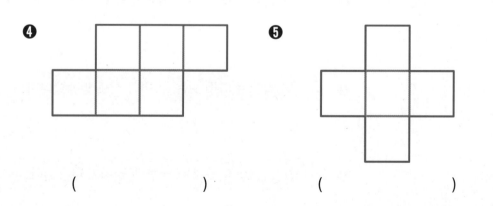

(   )

❺

(   )

성질 활용 **6**

왼쪽에 있는 사각형 네 변의 길이의 합을 먼저 구해요.

왼쪽에 있는 사각형 네 변의 길이의 합과 정사각형 네 변의 길이의 합이 같습니다. 정사각형 한 변의 길이는 얼마일까요? ☐ 안에 알맞은 수를 써넣으세요.

❶

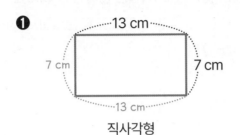

직사각형

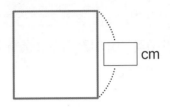

(직사각형 네 변의 길이의 합)
=7+7+13+13=40 (cm)

(정사각형 네 변의 길이의 합)
=☐×4

❷

평행사변형

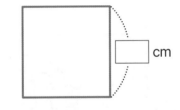

❸

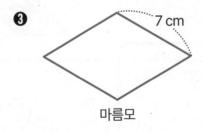

마름모

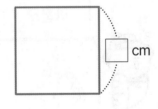

❹

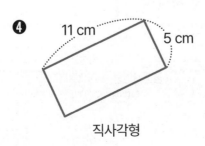

직사각형

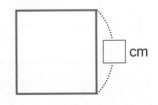

사각형 사이의 관계

사각형 속 사각형

사다리꼴, 평행사변형, 직사각형, 마름모, 정사각형…… 사각형은 종류가 참 많아요.
이제 여러 가지 사각형을 같은 종류끼리 묶어 보고, 사각형 사이의 포함 관계까지 알아볼까요?
하나의 사각형이 여러 가지 이름을 가질 수 있답니다.

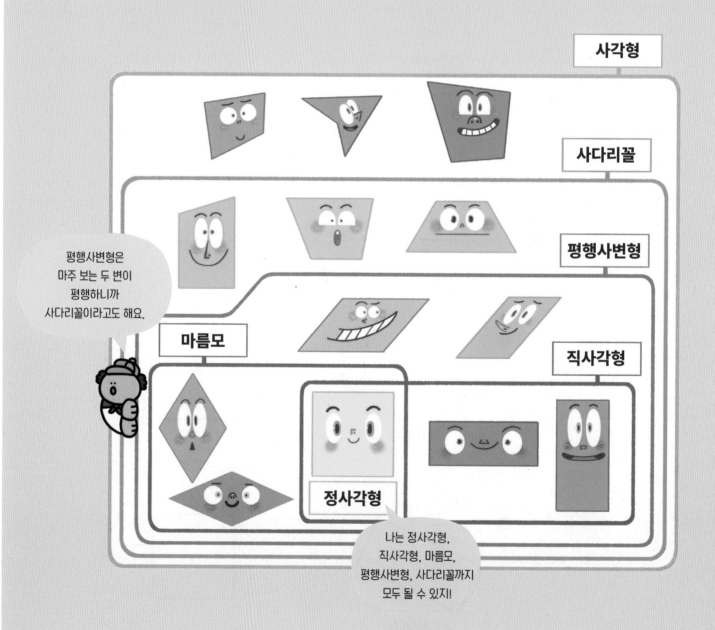

평행사변형은
마주 보는 두 변이
평행하니까
사다리꼴이라고도 해요.

나는 정사각형,
직사각형, 마름모,
평행사변형, 사다리꼴까지
모두 될 수 있지!

사각형은 생긴 모양에 따라 이름이 달라지고 여러 가지 성질을 가지고 있어요.
지금까지 배운 사각형의 약속과 성질을 한눈에 정리해볼까요?

도형	이름	약속과 성질
	사각형	**약속** 네 개의 선분으로 둘러싸인 평면도형 **성질** 네 각의 크기의 합은 360°입니다.
	사다리꼴	**약속** 평행한 변이 한 쌍이라도 있는 사각형
	평행사변형	**약속** 마주 보는 두 쌍의 변이 서로 평행한 사각형 **성질** 마주 보는 두 변의 길이가 같습니다. 마주 보는 두 각의 크기가 같습니다.
	마름모	**약속** 네 변의 길이가 모두 같은 사각형 **성질** 마주 보는 두 쌍의 변이 서로 평행합니다. 마주 보는 두 각의 크기가 같습니다.
	직사각형	**약속** 네 각이 모두 직각인 사각형 **성질** 마주 보는 두 변의 길이가 같습니다.
	정사각형	**약속** 네 각이 모두 직각이고 네 변의 길이가 모두 같은 사각형

27강 · 사각형 사이의 관계

약속 확인　**1**

설명하는 사각형을 찾아 색칠하세요.

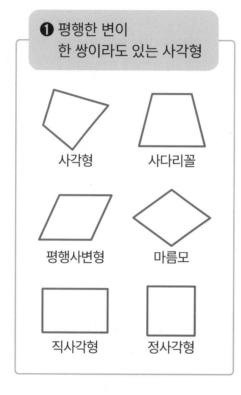

❶ 평행한 변이
한 쌍이라도 있는 사각형

사각형　사다리꼴
평행사변형　마름모
직사각형　정사각형

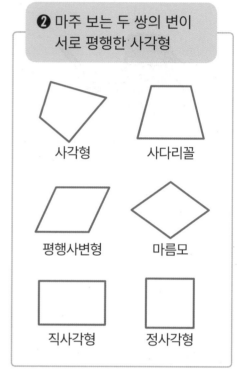

❷ 마주 보는 두 쌍의 변이
서로 평행한 사각형

사각형　사다리꼴
평행사변형　마름모
직사각형　정사각형

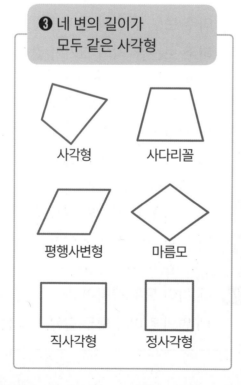

❸ 네 변의 길이가
모두 같은 사각형

사각형　사다리꼴
평행사변형　마름모
직사각형　정사각형

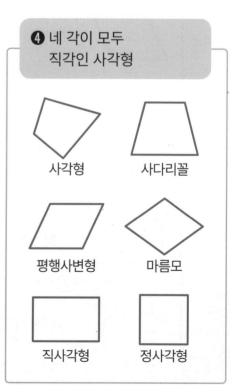

❹ 네 각이 모두
직각인 사각형

사각형　사다리꼴
평행사변형　마름모
직사각형　정사각형

하나의 사각형은
모양에 따라 여러 가지 이름을
가질 수 있어요.

사각형의 이름이 될 수 있는 것을 모두 찾아 〇표 하세요.

❶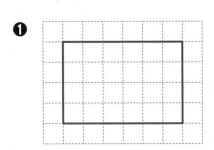

사다리꼴	평행사변형
직사각형　마름모　정사각형	

❷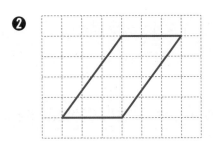

사다리꼴	평행사변형
직사각형　마름모　정사각형	

❸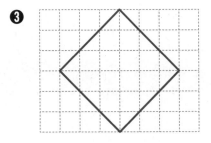

사다리꼴	평행사변형
직사각형　마름모　정사각형	

❹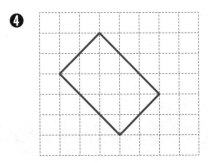

사다리꼴	평행사변형
직사각형　마름모　정사각형	

오개념 확인 3

사각형에 대한 설명입니다. 맞으면 ○표, 틀리면 ×표 하세요.

사다리꼴 평행사변형 마름모 직사각형 정사각형

❶ 평행사변형의 네 변의 길이는 모두 같습니다. ··············· ☐

❷ 정사각형의 네 변의 길이는 모두 같습니다. ··············· ☐

❸ 직사각형은 3개의 선분으로 둘러싸여 있습니다. ··············· ☐

❹ 평행사변형은 마주 보는 두 각의 크기가 같습니다. ··············· ☐

❺ 마름모의 네 각의 크기는 모두 같습니다. ··············· ☐

❻ 사다리꼴은 이웃한 두 변의 길이가 같습니다. ··············· ☐

❼ 직사각형은 직각이 4개 있습니다. ··············· ☐

❽ 사다리꼴은 마주 보는 두 쌍의 변이 서로 평행합니다. ··············· ☐

논리 사고 4

다음 문장이 맞으면 ○표, 틀리면 ×표 하세요.

관계를 나타낸 문장의 O, X 판별 삐법!

비법　문장 앞에 **모든** 을 넣어 맞는 말인지 아닌지 구별한다.

예외인 경우가 생기면 틀린 말이에요!

모든 정사각형은 직사각형입니다. ➡ ○

모든 직사각형은 정사각형입니다. ➡ ×

▲ 직사각형은 네 변의 길이가 모두 같지는 않으므로 정사각형이 아니에요.

❶ 마름모는 정사각형입니다. ……………… ☐

정사각형은 마름모입니다. ……………… ☐

❷ 사다리꼴은 정사각형입니다. ……………… ☐

정사각형은 사다리꼴입니다. ……………… ☐

❸ 마름모는 직사각형입니다. ……………… ☐

직사각형은 마름모입니다. ……………… ☐

❹ 평행사변형은 사각형입니다. ……………… ☐

사각형은 평행사변형입니다. ……………… ☐

대표문제 1

도형에서 찾을 수 있는 크고 작은 사각형은 모두 몇 개일까요?

'크고 작은'이라는 말이 나오면

도형과 도형을 합한 모양까지 생각해야 해요.

사각형을 몇 개 찾았나요? 혹시 ☐☐☐ ➡ 3개라고 생각했나요?

'크고 작은 사각형'이라는 말은 작은 사각형도 있고,

큰 사각형도 있으니까 모두 찾으라는 뜻이에요.

❶ 작은 사각형의 개수에 따라 만들어지는 사각형 모양을 모두 찾아요.

▶ 작은 사각형의 수	1개	2개	3개
모양	☐	☐☐	

❷ 작은 사각형의 개수에 따라 사각형이 몇 개 있는지 세어요.

▶ 1개 짜리 ☐☐ ☐☐ ☐☐ ➡ _____ 개

2개 짜리 ☐☐☐ ☐☐☐ ➡ _____ 개

3개 짜리 ☐☐☐ ➡ _____ 개

❸ 작은 사각형의 개수별 사각형 수를 모두 더해요.

▶ (크고 작은 사각형의 수) = _____ + _____ + _____ = _____ (개)

답 _____

문제 적용 **1**

작은 사각형의 수에 따라 만들
어지는 사각형의 모든 경우를
빼먹지 않고 생각해요!

도형에서 찾을 수 있는 크고 작은 사각형은 모두 몇 개인지 구하세요.

❶

(   )

❷

(   )

❸

(   )

❹

(   )

❺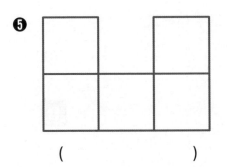

(   )

❻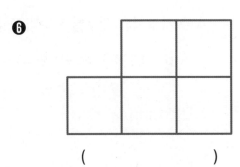

(   )

크고 작은 사각형

대표문제 2 도형에서 찾을 수 있는 크고 작은 사다리꼴은 모두 몇 개일까요?

사다리꼴은 어떤 사각형일까요?
평행한 변이 한 쌍이라도 있으면 사다리꼴이라고 불러요.
사각형의 관계에서 배웠듯이 평행사변형도 사다리꼴,
직사각형, 마름모, 정사각형 모두 사다리꼴이라고 할 수 있어요.

❶ 사다리꼴이란?

▶ 사다리꼴이란 한 쌍의 변이라도 _____한 사각형

❷ 사각형의 개수에 따라 사다리꼴 모양을 찾아요.

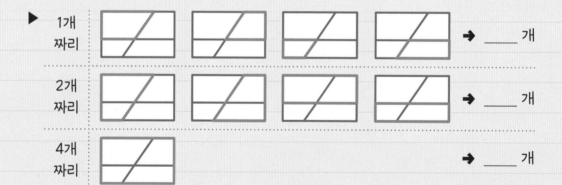

▶ 1개 짜리 ➔ ____ 개

2개 짜리 ➔ ____ 개

4개 짜리 ➔ ____ 개

❸ 사각형의 개수별 사다리꼴 수를 모두 더해요.

▶ (크고 작은 사다리꼴의 수) = ____ + ____ + ____ = ____ (개)

답

문제 적용 2

도형에서 찾을 수 있는 크고 작은 사다리꼴은 모두 몇 개인지 구하세요.

❶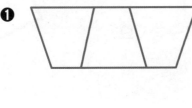

(   )

❷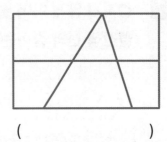

(   )

문제 적용 3

평행사변형은
마주 보는 두 쌍의 변이 평행한
사각형이에요.

도형에서 찾을 수 있는 크고 작은 평행사변형은 모두 몇 개인지 구하세요.

❶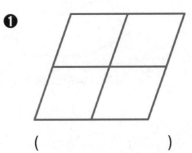

(   )

❷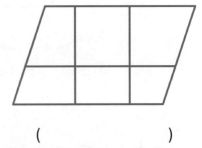

(   )

문제 적용 4

직사각형은
네 각이 모두 직각인
사각형이에요.

도형에서 찾을 수 있는 크고 작은 직사각형은 모두 몇 개인지 구하세요.

❶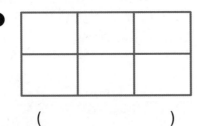

(   )

❷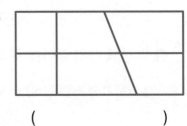

(   )

대표문제 1 오른쪽 도형은 정사각형과 평행사변형을
겹치지 않게 이어 붙인 것입니다.
빨간색 선의 길이는 몇 cm인지 구하세요.

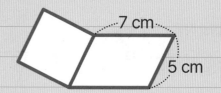

사각형별 변의 성질을 잘 알고 있어야 해요.

빨간색 선은 정사각형과 평행사변형으로 만든 모양을 둘러싸고 있어요.

정사각형 한 변의 길이를 알려 주지 않았다고요?

정사각형 한 변의 길이는 평행사변형에 숨어 있어요.

❶ 정사각형과 평행사변형의 변의 성질입니다. 알맞은 것에 ◯표 하세요.

▶
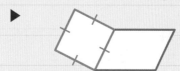   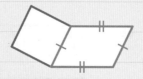

정사각형은 (두 , 네) 변의   평행사변형은 마주 보는
길이가 같아요.   (두 , 네) 변의 길이가 같아요.

❷ 각 변의 길이를 구해요.

> 정사각형 한 변의 길이는
> 평행사변형의 짧은 변의
> 길이와 같아요.

▶
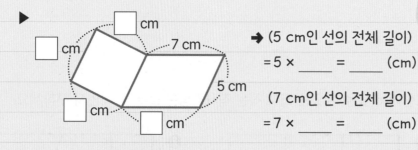

➡ (5 cm인 선의 전체 길이)

= 5 × _____ = _____ (cm)

(7 cm인 선의 전체 길이)

= 7 × _____ = _____ (cm)

❸ 빨간색 선의 길이를 구해요.

▶ (빨간색 선의 길이) = _____ + _____ = _____ (cm)

답 _____

문제 적용 **1**

도형을 보고 물음에 답하세요.

❶ 오른쪽 도형은 평행사변형과 마름모를 겹치지
않게 이어 붙인 것입니다. 빨간색 선의 길이는
몇 cm일까요?

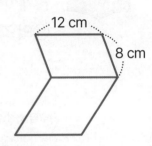

(   )

❷ 오른쪽 도형은 모양과 크기가 같은 평행사변형
2개를 겹치지 않게 이어 붙인 것입니다. 빨간색
선의 길이는 몇 cm일까요?

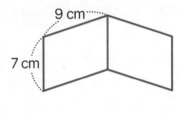

(   )

❸ 오른쪽 도형은 직사각형과 정사각형을 겹치지
않게 이어 붙인 것입니다. 빨간색 선의 길이는
몇 cm일까요?

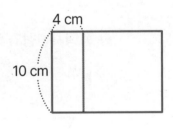

(   )

❹ 오른쪽 도형은 정삼각형과 마름모를 겹치지 않
게 이어 붙인 것입니다. 빨간색 선의 길이는 몇 cm
일까요?

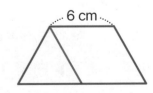

(   )

이어 붙인 사각형

특강

대표문제 2

오른쪽 도형은 평행사변형과 마름모를 겹치지
않게 이어 붙인 것입니다.
㉠의 각도를 구하세요.

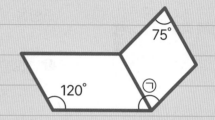

사각형별 각의 성질을 잘 알고 있어야 해요.
평행사변형과 마름모는 마주 보는 두 각의 크기가 같아요.
또한 이웃한 두 각의 크기의 합은 180°라는 성질도 가지고 있지요.
각각의 사각형 모양을 떠올리며 어느 위치의 각도가 같은지 잘 기억하고 있어야 해요.

❶ 평행사변형과 마름모에 대한 설명입니다. 알맞은 말에 ○표 하세요.

▶
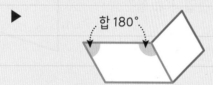
합 180°

평행사변형은 이웃한 두 각의 크기의 합이
(180° , 360°)입니다.

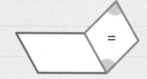
=

마름모는 마주 보는 두 각의 크기가
(같습니다 , 다릅니다).

❷ 평행사변형과 마름모의 각의 성질을 이용하여 ☐ 안에 알맞은 각도를 쓰세요.

▶
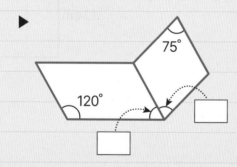
75°

120°

❸ ㉠의 각도를 구해요.

▶ ㉠ = _____ + _____ = _____

답 _____

문제 적용 **2**

도형을 보고 물음에 답하세요.

❶ 오른쪽 도형은 정사각형과 평행사변형을 겹치지 않게 이어 붙인 것입니다. ㉠의 각도를 구하세요.

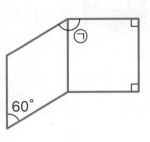

(   )

❷ 오른쪽 도형은 직사각형과 마름모를 겹치지 않게 이어 붙인 것입니다. ㉠의 각도를 구하세요.

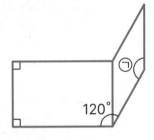

(   )

❸ 오른쪽 도형은 평행사변형과 마름모를 겹치지 않게 이어 붙인 것입니다. ㉠의 각도를 구하세요.

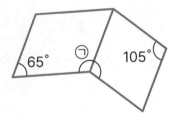

(   )

❹ 오른쪽 도형은 정삼각형과 평행사변형을 겹치지 않게 이어 붙인 것입니다. ㉠의 각도를 구하세요.

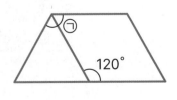

(   )

 대표문제 1

**직사각형 모양의 종이를 접었습니다.
㉠의 각도를 구하세요.**

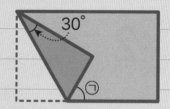

접은 부분의 각도는 같아요.

도형을 접었을 때 접은 부분과 접기 전 부분은
모양과 크기가 같으므로 겹치는 각의 크기가 같아요.

❶ 삼각형 ㉮에서 ●, ▲, ■와 각도가 같은 곳을 표시해요.

▶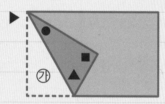

❷ ㉡의 각도를 구해요.

▶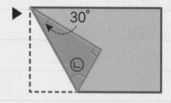

삼각형 세 각의 크기의 합은 _____이므로

$30° + 90° + ㉡ =$ _____

➔ ㉡ = _____

❸ ㉠의 각도를 구해요.

▶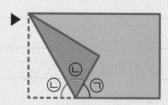

일직선은 _____이므로

㉠ + ㉡ + ㉡ = _____

➔ ㉠ = _____

답 _____

문제 적용 **1**

직사각형 모양의 종이를 접었습니다. ㉠의 각도를 구하세요.

❶
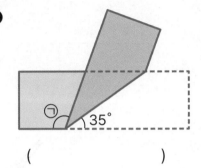

35°

(   )

❷
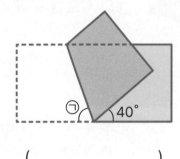

40°

(   )

❸
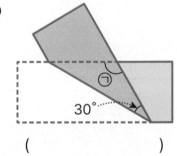

30°

(   )

❹
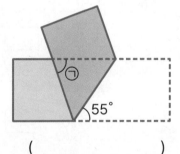

55°

(   )

❺
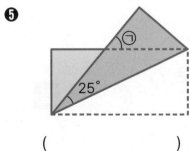

25°

(   )

❻
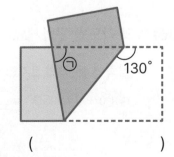

130°

(   )

접은 도형의 각도

대표문제 2 평행사변형 모양의 종이를 접었습니다.
㉠의 각도를 구하세요.

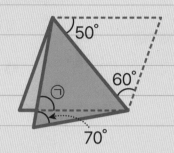

도형별 각의 성질을 잘 알고 있어야 해요.

사각형 별로 가지고 있는 각의 성질이 달라요.

평행사변형의 각은 ① 이웃한 두 각의 크기의 합은 180°

② 마주 보는 각의 크기가 같아요.

❶ 접은 부분을 펼쳤을 때 만나는 각을 찾아 ☐ 안에 알맞은 각도를 써넣으세요.

▶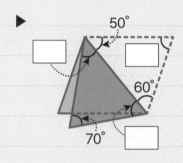

❷ ㉡의 각도를 구하세요.

▶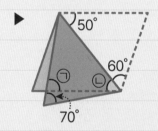

평행사변형에서 이웃한 두 각의 크기의 합은 180°이므로

➜ ㉡ + 60° + 70° = _____

　㉡ + 60° = _____

　㉡ = _____

❸ ㉠의 각도를 구하세요.

▶ 삼각형 세 각의 크기의 합은 180°이므로

➜ ㉠ + ㉡ + 50° = _____, ㉠ = _____　　**답** _____

138

문제 적용 **2**

도형을 보고 물음에 답하세요.

❶ 직사각형 모양의 종이를 접었습니다. ㉠의 각도를 구하세요.

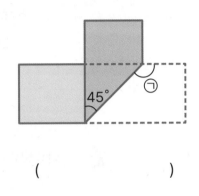

(   )

❷ 평행사변형 모양의 종이를 접었습니다. ㉠의 각도를 구하세요.

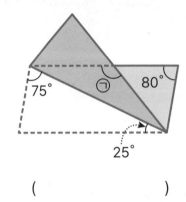

(   )

❸ 마름모 모양의 종이를 접었습니다. ㉠의 각도를 구하세요.

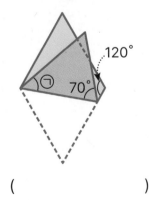

(   )

❹ 정사각형 모양의 종이를 접었습니다. ㉠의 각도를 구하세요.

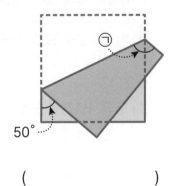

(   )

1 사각형인 것을 찾아 ○표 하세요.

(   ) (   ) (   ) (   )

2 직사각형 모양의 종이테이프를 선을 따라 잘랐습니다. 물음에 답하세요.

(1) 사다리꼴을 모두 찾아 기호를 쓰세요.

(   )

(2) 평행사변형을 모두 찾아 기호를 쓰세요.

(   )

(3) 직사각형을 모두 찾아 기호를 쓰세요.

(   )

(4) 정사각형을 찾아 기호를 쓰세요.

(   )

3 평행사변형입니다. □ 안에 알맞은 수를 써넣으세요.

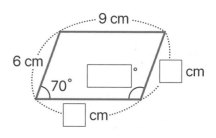

4 마름모입니다. □ 안에 알맞은 수를 써넣으세요.

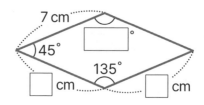

5 도형에서 ㉠의 각도를 구하세요.

(1)

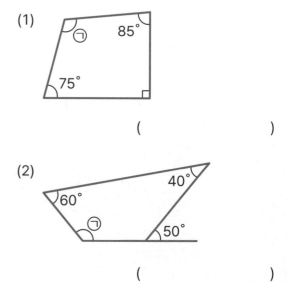

(   )

(2)

(   )

6 직사각형입니다. 네 변의 길이의 합은 몇 cm 인지 구하세요.

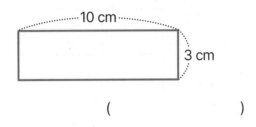

(   )

7 도형에서 ㉠과 ㉡의 각도의 합을 구하세요.

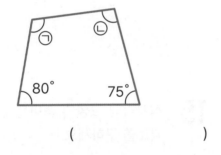

(   )

8 평행사변형의 네 변의 길이의 합은 42 cm 입니다. 변 ㄱㄹ의 길이를 구하세요.

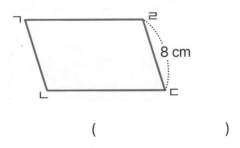

(   )

9 마름모입니다. ㉠의 각도를 구하세요.

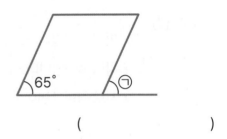

(   )

10 두 사각형 **가**, **나**의 공통점을 모두 찾아 기호 를 쓰세요.

㉠ 네 변의 길이가 모두 같습니다.

㉡ 네 각의 크기가 모두 같습니다.

㉢ 마주 보는 두 쌍의 변이 서로 평행 합니다.

(   )

11 도형의 이름이 될 수 있는 것을 모두 찾아 ○표 하세요.

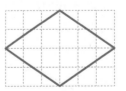

사다리꼴   평행사변형

직사각형   마름모   정사각형

12 설명하는 도형의 이름을 쓰세요.

(1)

- 변이 4개입니다.
- 각이 4개입니다.
- 서로 평행한 변이 한 쌍만 있습니다.

( )

(2)

- 사각형입니다.
- 마주 보는 두 쌍의 변이 서로 평행합니다.
- 네 각이 모두 직각입니다.
- 네 변의 길이가 모두 같습니다.

( )

13 마름모를 겹치지 않게 이어 붙인 것입니다. 빨간색 선의 길이는 몇 cm인지 구하세요.

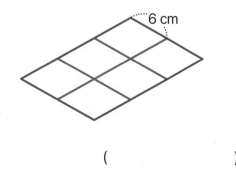

( )

14 도형에서 찾을 수 있는 크고 작은 사다리꼴은 모두 몇 개인지 구하세요.

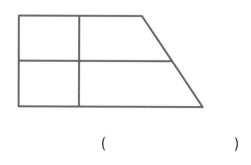

( )

15 직사각형 모양의 종이를 접었습니다. ㉠의 각도를 구하세요.

(1)

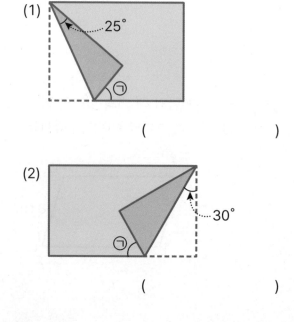

25°

( )

(2)

30°

( )

1 선과 각도

2 삼각형

3 사각형

4 다각형

×

다각형까지
배우면 끝!

다각형과 수학의 약속

변이 3개 있는 도형은 삼각형, 변이 4개 있는 도형은 사각형이에요.

그럼 변이 5개, 6개, 7개…… 변이 점점 많아지면 어떻게 부를까요?

아래 그림처럼 선분으로 둘러싸인 평면도형을 다각형이라 하고, 다각형은 변의 수에 따라 이름을 붙여요.

多 많다(다)

뭐가 많을까? 변의 개수!

다각형

삼각형	사각형	오각형	육각형
변이 3개	변이 4개	변이 5개	변이 6개

모양과 크기에 상관없이 변 6개로 둘러싸인 도형은 모두 육각형이에요.

다각형

선분으로만 둘러싸인 도형

삼각형　　사각형　　오각형　　육각형

다각형이 아닌 도형

선분으로 둘러싸여 있지 않거나 굽은 선이 있으면 다각형이 아니에요.

변의 길이가 같은 다각형

선분으로 둘러싸인 다각형 중에는 정삼각형과 정사각형처럼 모든 변의 길이가 같은 정다각형이 있어요.

정다각형은 모든 변의 길이가 같을 뿐만 아니라 모든 각의 크기도 같아요.

다각형과 마찬가지로 변의 개수에 따라 정삼각형, 정사각형, 정오각형, 정육각형……이라고 해요.

正 바를(정)

뭐가 바른 걸까?
각과 변이 모두 반듯반듯!

정다각형

정삼각형	정사각형	정오각형	정육각형
삼각형인데 변과 각이 같은 것!	사각형인데 변과 각이 같은 것!	오각형인데 변과 각이 같은 것!	육각형인데 변과 각이 같은 것!
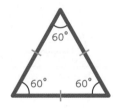	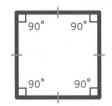	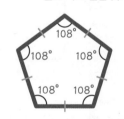	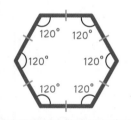

정다각형 여러 개가 겹치지 않게 모여서 360°를 만들어요.

약속

정다각형

변의 길이가 모두 같고, 각의 크기가 모두 같은 다각형

정삼각형

정사각형

정오각형

정육각형

32강·다각형

용어 약속 1

도형을 보고 다각형인 것에 ○표, 다각형이 아닌 것에 ×표 하세요.

도형			
○, ×			

용어 확인 2

다각형의 변의 수를 세어 보고, 이름을 쓰세요.

도형			
변의 수	개	개	개
이름			

용어 확인 3

정다각형의 변의 수를 세어 보고, 이름을 쓰세요.

1 2
5 3
4
길이가 같은 변이 5개
→ 정오각형

도형			
변의 수	개	개	개
이름			

성질 확인 **4**

정다각형의 모든 변의 길이의 합은 몇 cm인지 구하세요.

❶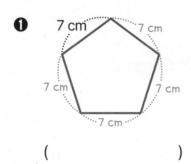

정다각형은
모든 변의 길이가 같으므로
(모든 변의 길이의 합)
= (한 변의 길이) × (변의 수)
➡ 7 cm × 5 = _____ cm

(   )

❷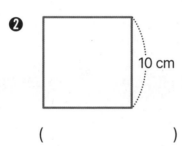

(   )

❸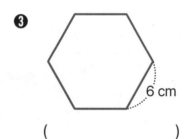

(   )

❹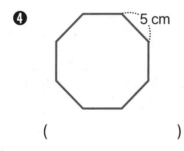

(   )

❺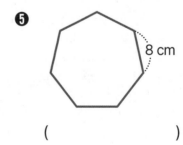

(   )

성질 활용 **5**

정다각형 모든 변의 길이의 합이 다음과 같습니다. 한 변의 길이는 몇 cm인지 구하세요.

❶ 모든 변의 길이의 합: 56 cm

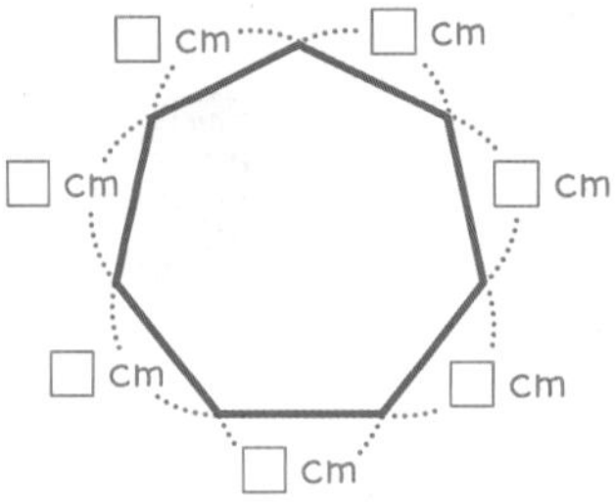

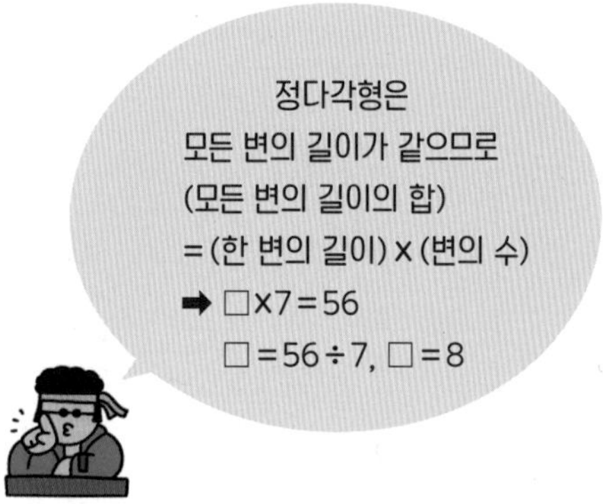

정다각형은
모든 변의 길이가 같으므로
(모든 변의 길이의 합)
= (한 변의 길이) x (변의 수)
➡ □x7=56
　　□=56÷7, □=8

(　　　　　)

❷ 모든 변의 길이의 합: 50 cm

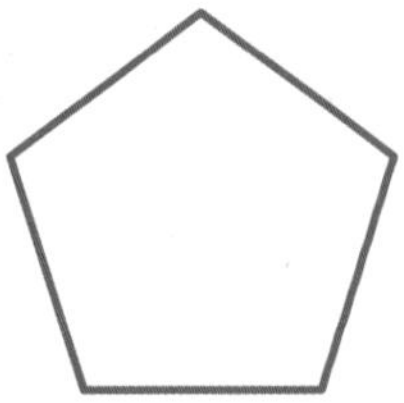

(　　　　　)

❸ 모든 변의 길이의 합: 48 cm

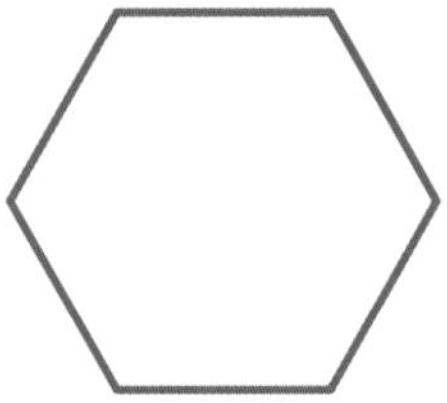

(　　　　　)

❹ 모든 변의 길이의 합: 40 cm

(　　　　　)

❺ 모든 변의 길이의 합: 64 cm

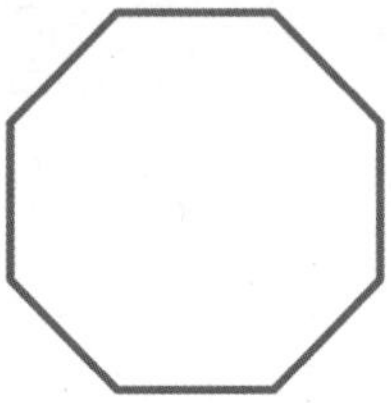

(　　　　　)

성질 활용   **6**

정다각형을 겹치지 않게 이어 붙여 만든 도형입니다. 빨간색 선의 길이는 몇 cm인지 구하세요.

정다각형은 모든 변의 길이가 같아요.

❶

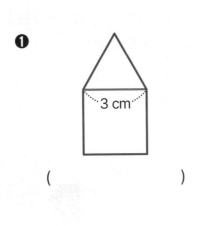

3 cm

(   )

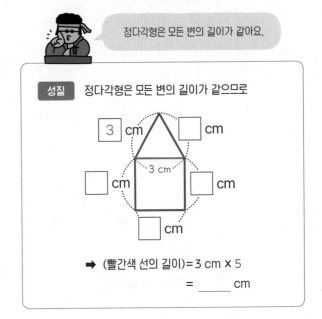

성질   정다각형은 모든 변의 길이가 같으므로

3 cm   ☐ cm

3 cm

☐ cm   ☐ cm

☐ cm

➡ (빨간색 선의 길이)=3 cm × 5

= _____ cm

❷

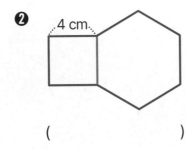

4 cm

(   )

❸

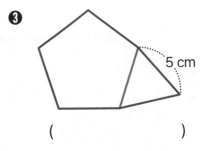

5 cm

(   )

❹

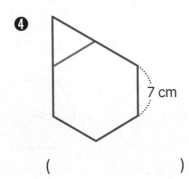

7 cm

(   )

❺

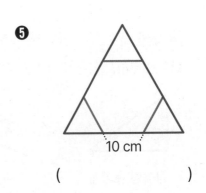

10 cm

(   )

대각선이란?

오각형은 5개의 점이 있어요.

그중에 한 점은 두 점과 바로 옆에 위치에 있고, 나머지 두 점은 멀리 떨어져있어요.

여기서 바로 옆에 있는 점을 이웃한 점, 나머지 두 점을 이웃하지 않는 점이라고 해요.

대각선이란 서로 이웃하지 않는 두 꼭짓점을 이은 선분을 말해요.

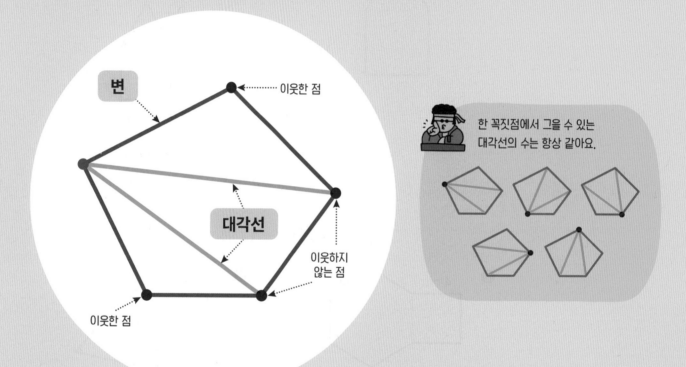

한 꼭짓점에서 그을 수 있는
대각선의 수는 항상 같아요.

약속

대각선

서로 이웃하지 않는 두 꼭짓점을 이은 선분

삼각형 → 0개　　사각형 → 2개　　오각형 → 5개　　육각형 → 9개

사각형 속 대각선

4개의 선분으로 둘러싸인 사각형은 모두 2개의 대각선을 가지고 있어요.

그중에서 변과 각의 성질에 따라 이름을 붙인 사다리꼴, 평행사변형, 마름모, 직사각형, 정사각형은

대각선도 특별한 성질을 가지고 있어요.

그림을 보면서 같이 알아볼까요?

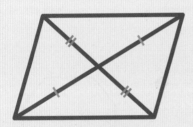

평행사변형

❶ 한 대각선이 다른 대각선을 반으로 나눕니다.

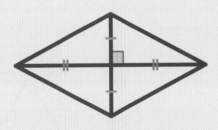

마름모

❶ 두 대각선이 서로 수직으로 만납니다.

❷ 한 대각선이 다른 대각선을 반으로 나눕니다.

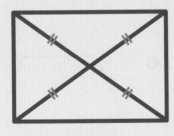

직사각형

❶ 두 대각선의 길이가 같습니다.

❷ 한 대각선이 다른 대각선을 반으로 나눕니다.

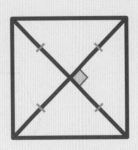

정사각형

❶ 두 대각선의 길이가 같습니다.

❷ 두 대각선이 서로 수직으로 만납니다.

❸ 한 대각선이 다른 대각선을 반으로 나눕니다.

용어 확인 **1**

서로 이웃하지 않는 꼭짓점을
이어요.

도형에 대각선을 모두 긋고, 몇 개인지 쓰세요.

❶

(   )

❷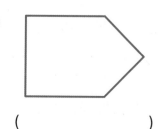

(   )

❸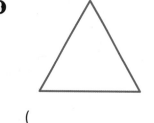

(   )

❹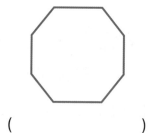

(   )

❺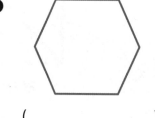

(   )

❻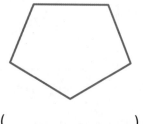

(   )

성질 확인 **2**

사각형에 대각선을 그리면서
특징을 알아봐요.

물음에 답하세요.

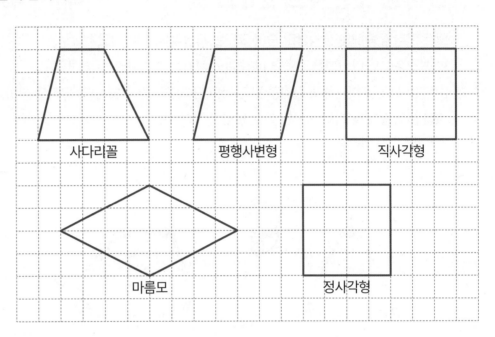

사다리꼴   평행사변형   직사각형

마름모   정사각형

❶ 여러 가지 사각형에 대각선을 그어 보세요.

❷ 두 대각선의 길이가 같은 사각형을 모두 쓰세요.

(   )

❸ 두 대각선이 서로 수직으로 만나는 사각형을 모두 쓰세요.

(   )

❹ 두 대각선의 길이가 같고 서로 수직으로 만나는 사각형을 쓰세요.

(   )

다각형 모든 각의 크기의 합

모든 다각형 속에는 삼각형이 숨어 있다는 사실 알고 있었나요?

한 꼭짓점에서 대각선을 그으면 여러 개의 삼각형으로 나눌 수 있어요.

바로 이 사실을 이용해서 다각형 모든 각의 크기의 합을 구해 보고 규칙도 찾아볼 거예요.

그럼 십각형 모든 각의 크기의 합도 바로 알 수 있어요.

삼각형 세 각의 합 = 180°

삼각형 1개

삼각형 ➡ 180°

사각형 속에 삼각형이 2개

180° × 2 = 360°

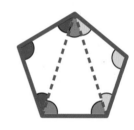

오각형 속에 삼각형이 3개

180° × 3 = 540°

육각형 속에 삼각형이 4개

180° × 4 = 720°

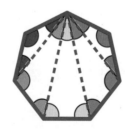

칠각형 속에 삼각형이 5개

180° × 5 = 900°

십각형은 삼각형 8개로
나눌 수 있으니까
십각형 모든 각의 크기의 합은
180° × 8 = 1440°예요.

복습

| 도형 확장 | **1** |

다각형 모든 각의 크기의 합을 구하세요.

❶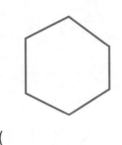

(   )

❷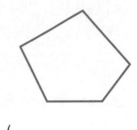

(   )

❸

(   )

❹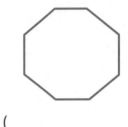

(   )

| 도형 확장 | **2** |

정다각형 한 각의 크기를 구하세요.

❶ 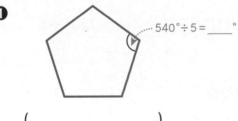 $540° ÷ 5 = \_\_\_\_°$

(   )

> 정다각형
> 모든 각의 크기는 같으므로
> (한 각의 크기)
> = (모든 각의 크기의 합) ÷ (각의 수)

❷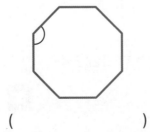

(   )

❸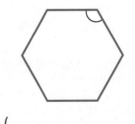

(   )

다각형과 각도

 대표문제 정육각형과 정사각형을 겹치지 않게 이어 붙여서 만든 도형입니다. ㉠의 각도를 구하세요.

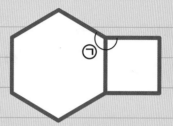

도형 속 숨겨진 각도를 알고 있어야 해요.

일직선은 180°

360°
한 바퀴는 360°

 180°
삼각형 모든 각의 크기의 합은 180°

❶ 정육각형 한 각의 크기를 구해요.

▶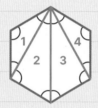

(정육각형 여섯 각의 크기의 합)
= (삼각형 세 각의 크기의 합) × 4
= _____ × 4 = 720°

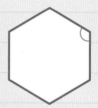

(정육각형 한 각의 크기)
= 720° ÷ 6
= _____

정삼각형과 정사각형
한 각의 크기 정도는
외우고 있지?

❷ 정사각형 한 각의 크기를 구해요.

▶ 　　(정사각형 한 각의 크기) = _____

❸ ㉠의 각도를 구해요.

▶ ㉠ = (정육각형 한 각의 크기) + (정사각형 한 각의 크기)

= _____ + _____ = _____

답 _____

문제 적용 **3**

도형을 보고 물음에 답하세요.

❶ 정사각형과 정삼각형을 겹치지 않게 이어 붙여서
만든 도형입니다. ㉠의 각도를 구하세요.

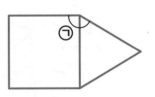

(   )

❷ 정오각형과 정삼각형을 겹치지 않게 이어 붙여서
만든 도형입니다. ㉠의 각도를 구하세요.

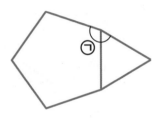

(   )

❸ 정육각형과 정사각형을 겹치지 않게 이어 붙여서
만든 도형입니다. ㉠의 각도를 구하세요.

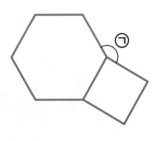

(   )

❹ 정사각형과 정삼각형 4개를 겹치지 않게 이어 붙여
서 만든 도형입니다. ㉠의 각도를 구하세요.

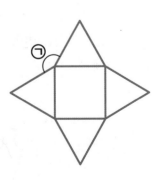

(   )

1 다각형을 모두 찾아 ○표 하세요.

(   ) (   ) (   ) (   )

2 다각형의 이름을 쓰세요.

(1)

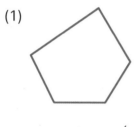

(   )

(2)

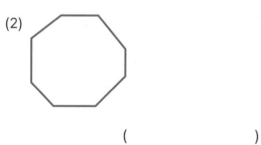

(   )

3 정오각형입니다. □ 안에 알맞은 수를 써넣으세요.

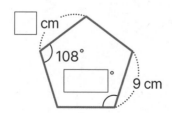

4 한 변의 길이가 6 cm인 정구각형 모든 변의 길이의 합은 몇 cm인지 구하세요.

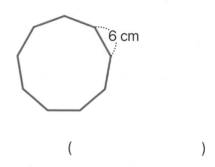

(   )

5 도형에 그을 수 있는 대각선은 모두 몇 개인지 쓰세요.

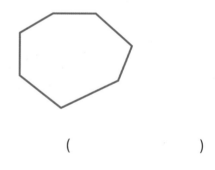

(   )

6 정육각형 한 각의 크기를 구하세요.

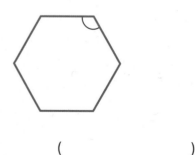

(   )

7 사각형을 보고 물음에 답하세요.

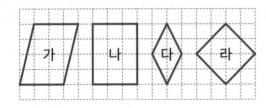

(1) 두 대각선의 길이가 같은 사각형을 모두 찾아 기호를 쓰세요.

( )

(2) 두 대각선이 서로 수직으로 만나는 사각형을 모두 찾아 기호를 쓰세요.

( )

8 정팔각형입니다. ㉠의 각도를 구하세요.

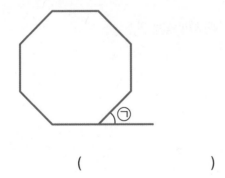

( )

9 정육각형과 정사각형 2개를 겹치지 않게 이어 붙여서 만든 도형입니다. 빨간색 선의 길이는 몇 cm인지 구하세요.

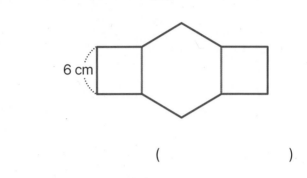

( )

10 정사각형과 정육각형을 이어 붙여 만든 도형입니다. ㉠의 각도를 구하세요.

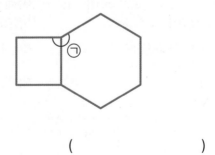

( )

지은이 기적학습연구소

"혼자서 작은 산을 넘는 아이가 나중에 큰 산도 넘습니다"

본 연구소는 아이들이 혼자서 큰 산까지 넘을 수 있는 힘을 키워주고자 합니다.
아이들의 연령에 맞게 학습의 산을 작게 만들어 혼자서도 쉽게 넘을 수 있게 만듭니다.
때로는 작은 고난도 경험하게 하여 성취감도 맛보게 합니다.
그리고 아이들에게 실제로 적용해서 검증을 통해 차근차근 책을 만들어 갑니다.
아이가 주인공인 기적학습연구소 [수학과]의 대표적 저작물은 <기적의 계산법>, <기적의 계산법 응용UP>,
<기적의 문제해결법> 등이 있습니다.

 머리에 탁 떠오르는 각과 다각형

초판 발행 2023년 12월 18일
초판 2쇄 발행 2024년 2월 27일

지은이 기적학습연구소
발행인 이종원
발행처 길벗스쿨
출판사 등록일 2006년 6월 16일
주소 서울시 마포구 월드컵로 10길 56(서교동 467-9)
대표 전화 02)332-0931   **팩스** 02)323-0586
홈페이지 www.gilbutschool.co.kr   **이메일** gilbut@gilbut.co.kr

기획 양민희(judy3097@gilbut.co.kr)   **책임 편집 및 진행** 양민희
제작 이준호, 손일순, 이진혁   **영업마케팅** 문세연, 박선경, 박다슬   **웹마케팅** 박달님, 이재윤
영업관리 김명자, 정경화   **독자지원** 윤정아

표지 디자인 유어텍스트 배진웅   **본문 디자인** 퍼플페이퍼 정보라
본문 일러스트 김태형
인쇄 교보피앤비   **제본** 경문제책사

ISBN 979-11-6406-631-5 63410 (길벗스쿨 도서번호 10796)
정가 14,000원

독자의 1초를 아껴주는 정성 **길벗출판사** ···
길벗스쿨 국어학습서, 수학학습서, 유아콘텐츠유닛, 주니어어학1/2, 어린이교양1/2, 교과서, 길벗스쿨콘텐츠유닛
길벗 IT실용서, IT/일반 수험서, IT전문서, 어학단행본, 어학수험서, 경제실용서, 취미실용서, 건강실용서, 자녀교육서
더퀘스트 인문교양서, 비즈니스서

앗!

본책의 정답과 풀이를 분실하셨나요?
길벗스쿨 홈페이지에 들어오시면 내려받으실 수 있습니다.
https://school.gilbut.co.kr/

머리에 탁 떠오르는 각과 다각형

정답과 풀이

차례

정답과 풀이

1. 선과 각도

1	❶ 반직선	❷ 선분
	❸ 직선	❹ 반직선
2	❶ 반직선 ㄱㄴ	❷ 직선 ㅂㅁ (또는 직선 ㅁㅂ)
	❸ 선분 ㄷㄱ (또는 선분 ㄱㄷ)	❹ 반직선 ㅅㅂ

3

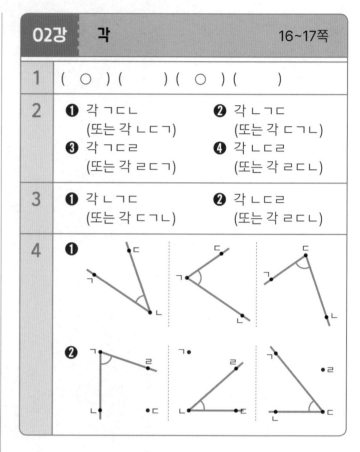

2 ❶ 한 점에서 한쪽으로 끝없이 늘인 곧은 선이므로 반직선입니다.
  ❷ 양쪽으로 끝없이 늘인 선이므로 직선입니다.
  ❸ 두 점을 곧게 이은 선이므로 선분입니다.

> **참고**
> 반직선은 한방향으로만 늘어나지만 직선은 양방향으로 늘어납니다.

1	(○) ( ) (○) ( )
2	❶ 각 ㄱㄷㄴ (또는 각 ㄴㄷㄱ) ❷ 각 ㄴㄱㄷ (또는 각 ㄷㄱㄴ) ❸ 각 ㄱㄷㄹ (또는 각 ㄹㄷㄱ) ❹ 각 ㄴㄷㄹ (또는 각 ㄹㄷㄴ)
3	❶ 각 ㄴㄱㄷ (또는 각 ㄷㄱㄴ) ❷ 각 ㄴㄷㄹ (또는 각 ㄹㄷㄴ)

4

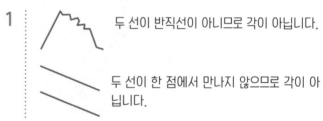

1 두 선이 반직선이 아니므로 각이 아닙니다.

두 선이 한 점에서 만나지 않으므로 각이 아닙니다.

1	(4) (3) (1) (2)
2	❶ 125° ❷ 60° ❸ 95° ❹ 165° ❺ 135°
3	❶ 40° ❷ 115° ❸ 90° ❹ 35° ❺ 70° ❻ 75°

1 각의 크기를 비교할 때에는 두 변이 벌어진 정도를 비교합니다.

주의

각의 크기는 변의 길이가 길고 짧은 것과 관계없어요. 변의 길이가 짧다고 해서 각의 크기도 작다고 생각하지 않도록 해요.

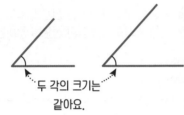

두 각의 크기는
같아요.

2 각의 한 변이 안쪽 눈금 0에 맞추어져 있으면 안쪽 눈금을 읽고, 각의 한 변이 바깥쪽 눈금 0에 맞추어져 있으면 바깥쪽 눈금을 읽습니다.

04강	각의 종류	24~25쪽

1	❶ 예각	❷ 직각
	❸ 둔각	❹ 예각
2	❶ ○ ❷ ○	❸ ×
3	❶ 둔	❷ 예
	❸ 직	❹ 예
4	(둔각) (예각) (직각) (둔각)	

2 ❸ 둔각은 각도가 직각보다 크고 180°보다 작은 각이므로 설명이 틀렸습니다.

05강	각도의 합과 차	27~29쪽

1	❶ 125°	❷ 30°
	❸ 80°	❹ 65°
2	❶ 135°	❷ 50°
	❸ 95°	❹ 85°
	❺ 260°	❻ 75°
3	❶ 125°	❷ 195°
4	❶ 115°	❷ 45°
	❸ 105°	❹ 150°
5	❶ 140°	❷ 70°
	❸ 60°	❹ 75°
	❺ 265°	❻ 135°

3 ❶ 60°+35°+30°=125°
❷ 90°+25°+80°=195°

4 └ 표시는 직각을 나타내므로 90°입니다.
❶ 90°+25°=115°
❷ 90°−45°=45°
❸ 90°+15°=105°
❹ 90°+60°=150°

5 ❶ 180°−40°=140°
❷ 180°−110°=70°
❸ 180°−90°−30°=60°
❹ 180°−80°−25°=75°
❺ 360°−95°=265°
❻ 360°−225°=135°

정답과 풀이

1 ❶ ( ) ( ) (수) (평)
　❷ (평) (수) ( ) ( )

2 ❶ 예 ❷ 예

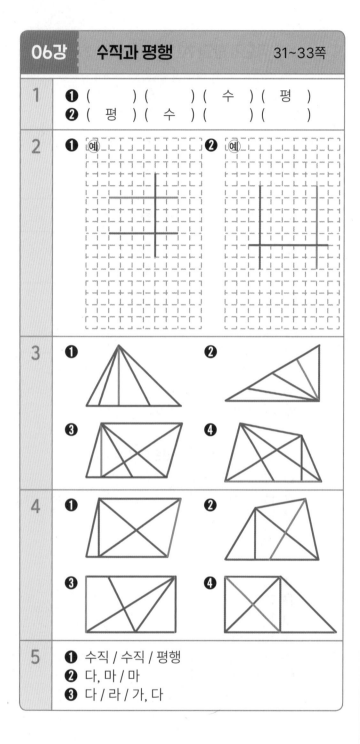

3 ❶ ❷ ❸ ❹

4 ❶ ❷ ❸ ❹

5 ❶ 수직 / 수직 / 평행
　❷ 다, 마 / 마
　❸ 다 / 라 / 가, 다

1 ❶ 5 cm　　❷ 7 cm

2 ❶ 12 cm　　❷ 15 cm

1 ❶ 평행선 사이의 수직인 선분의 길이는 5 cm입니다.
　❷ 평행선 사이의 수직인 선분의 길이는 7 cm입니다.

> **참고**
>
> 평행선 사이에 그을 수 있는 선분들 중에서 수선의 길이가
> 가장 짧습니다.

2 도형에서 평행선은 파란색으로 표시한 두 변이므로 두 변
　사이의 수직인 선분을 찾습니다.

❶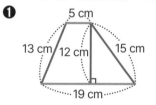

평행한 두 변 사이의 수직
인 선분의 길이는 12 cm
입니다.

❷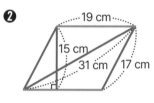

평행한 두 변 사이의 수
직인 선분의 길이는
15 cm입니다.

<table>
<tr><td rowspan="9">대표
문제</td><td colspan="2">❶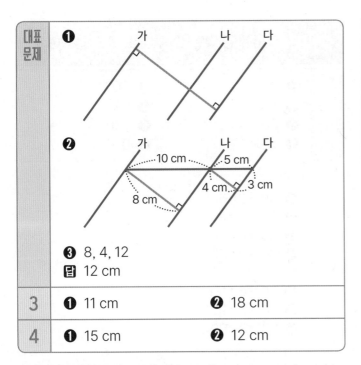</td></tr>
</table>

대표문제

❶

❷

❸ 8, 4, 12
답 12 cm

| 3 | ❶ 11 cm | ❷ 18 cm |
| 4 | ❶ 15 cm | ❷ 12 cm |

3 ❶ (가~다)=(가~나)+(나~다)
    =4 cm+7 cm=11 cm
  ❷ (가~다)=(가~나)+(나~다)
    =8 cm+10 cm=18 cm

4 ❶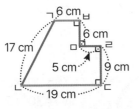

(변 ㄱㅂ과 변 ㄴㄷ 사이의 거리)
=(변 ㅂㅁ)+(변 ㄹㄷ)
=6+9=15 (cm)

❷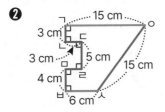

(변 ㄱㅇ과 변 ㅂㅅ 사이의 거리)
=(변 ㄱㄴ)+(변 ㄷㄹ)+(변 ㅁㅂ)
=3+5+4=12 (cm)

08강	평행선과 각도	39~41쪽

1	❶ ㉠	❷ ㉑
	❸ ㉢	❹ ㉠, ㉑, ㉢
2	❶ 60°	❷ 95°
	❸ 115°	❹ 130°
3	❶ 140°	❷ 60°
	❸ 55°	❹ 95°
	❺ 135°	❻ 50°
4	❶ 85°	❷ 55°
	❸ 35°	❹ 35°

2 ❶ 맞꼭지각으로 크기가 서로 같습니다.
  ❷ 동위각으로 크기가 서로 같습니다.
  ❸ 엇각으로 크기가 서로 같습니다.
  ❹ 엇각으로 크기가 서로 같습니다.

3 ❷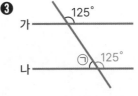

㉠=180°−120°
  =60°

❸

㉠=180°−125°
  =55°

❹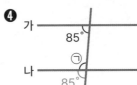

㉠=180°−85°
  =95°

❺

㉠=180°−45°
  =135°

❻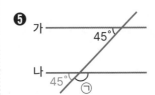

㉠=180°−130°
  =50°

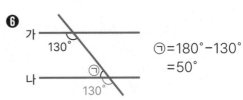

4

❶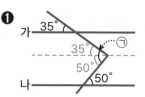

㉠=35°+50°
　=85°

❷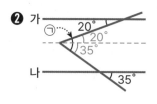

㉠=20°+35°
　=55°

❸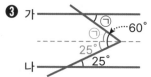

㉠=60°−25°
　=35°

❹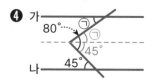

㉠=80°−45°
　=35°

09강	시계와 각도	43~45쪽

1

❶ 60°	**❷** 90°
❸ 120°	**❹** 60°
❺ 30°	**❻** 180°
❼ 150°	**❽** 90°

1

❶ 30°×2=60°
❷ 30°×3=90°
❸ 30°×4=120°
❹ 30°×2=60°
❺ 30°×1=30°
❻ 30°×6=180°
❼ 30°×5=150°
❽ 30°×3=90°

대표문제	**❶** 3 / 3, 90° **❷** 30°, 15° **❸** 90°, 15°, 105° **답** 105°

2

❶ 100°	
❷ 105°	**❸** 135°
❹ 145°	**❺** 130°

2

❷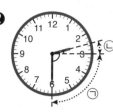

㉠=30°×3=90°
㉡=30°÷2=15°
→ ㉠+㉡=90°+15°
　　　　=105°

❸

㉠=30°×4=120°
㉡=30°÷2=15°
→ ㉠+㉡=120°+15°
　　　　=135°

❹

㉠=30°×4=120°
㉡=30°−5°=25°
→ ㉠+㉡=120°+25°
　　　　=145°

30°÷6=5°

❺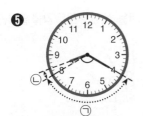

㉠=30°×4=120°
㉡=30°÷3=10°
→ ㉠+㉡=120°+10°
　　　　=130°

참고 ┈┈┈┈┈┈┈┈┈┈┈┈┈┈┈┈┈┈┈┈┈┈┈

시계에서 숫자와 숫자 사이의 눈금 한 칸의 크기는 360°를
똑같이 12로 나눈 것이므로 360÷12=30°,
3칸의 크기는 90°(직각), 6칸의 크기는 180°입니다.

10강	크고 작은 각		47~49쪽

1	❶ 5개 ❷ 4개 ❸ 3개 ❹ 2개 ❺ 1개	
2	❶ 3개	❷ 11개
3	❶ 2개	❷ 5개
4	❶ 0개	❷ 4개
5	❶ 5개	❷ 14개
6	❶ 5개 ❷ 2개 ❸ 2개	

1

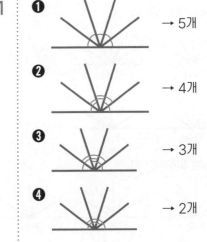

❶ → 5개

❷ → 4개

❸ → 3개

❹ → 2개

❺ → 1개

2
∼
4

❶ 가장 작은 각으로 만들 수 있는 모든 각을 알아봅니다.
· 각 1개로 이루어진 각

예각　　　예각　　　예각

· 각 2개로 이루어진 각

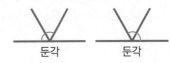

둔각　　　둔각

2~4

→ 직선을 크기가 같은 각 3개로 나누었을 때 도형에서 찾을 수 있는 크고 작은 예각은 3개, 크고 작은 둔각은 2개, 직각은 없습니다.

❷ 가장 작은 각으로 만들 수 있는 모든 각을 알아봅니다.

• 각 1개로 이루어진 각

예각　　　　예각　　　　예각

예각　　　　예각　　　　예각

• 각 2개로 이루어진 각

예각　　　　예각　　　　예각

예각　　　　예각

• 각 3개로 이루어진 각

직각　　　　직각

직각　　　　직각

• 각 4개로 이루어진 각

둔각　　　　둔각　　　　둔각

• 각 5개로 이루어진 각

둔각　　　　둔각

→ 직선을 크기가 같은 각 6개로 나누었을 때 도형에서 찾을 수 있는 크고 작은 예각은 11개, 크고 작은 둔각은 5개, 직각은 4개입니다.

5

❶ 가장 작은 각으로 만들 수 있는 모든 각을 알아봅니다.

• 각 1개로 이루어진 예각: 3개
• 각 2개로 이루어진 예각: 2개
따라서 크고 작은 예각은 3+2=5(개)입니다.

❷ 가장 작은 각으로 만들 수 있는 모든 각을 알아봅니다.

• 각 1개로 이루어진 예각: 5개
• 각 2개로 이루어진 예각: 4개
• 각 3개로 이루어진 예각: 3개
• 각 4개로 이루어진 예각: 2개
각 5개로 이루어진 각은 직각입니다.
따라서 크고 작은 예각은 5+4+3+2=14(개)입니다.

6

가장 작은 각으로 만들 수 있는 모든 각을 알아봅니다.

• 각 1개로 이루어진 각

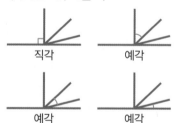
직각　　　　예각

예각　　　　예각

• 각 2개로 이루어진 각

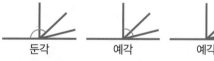
둔각　　　예각　　　예각

• 각 3개로 이루어진 각

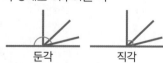
둔각　　　　직각

❶ 3+2=5(개)
❷ 1+1=2(개)
❸ 1+1=2(개)

1	
2	(1) (왼쪽부터) 꼭짓점, 변 (2) 각 ㄹㅁㅂ (또는 각 ㅂㅁㄹ)
3	( ) ( ) ( ) (○)
4	(1) 직선 **마**　　　(2) 직선 **나**

5	예각	직각	둔각
	가, 다, 마	라	나, 바

6	(1) 40°　　　(2) 135°
7	(1) 선분 ㄱㅁ (또는 선분 ㅁㄱ) (2) 선분 ㄱㄹ (또는 선분 ㄹㄱ)
8	(1) ㄴ, ㅂ, ㅅ　　　(2) ㅂ, ㅎ
9	㉡, ㉣
10	150°
11	55°
12	14 cm
13	9개
14	135°
15	100°

2 (2) 각의 꼭짓점인 점 ㅁ이 가운데 오도록 하여 한쪽 끝부터 차례대로 읽습니다.

3 두 직선이 서로 만나지 않는 것을 찾습니다.

4

라　마　　바 사
가
나
다

(1) 직선 **가**와 직각으로 만나는 직선은 직선 **마**입니다.
(2) 직선 **가**와 직선 **나**는 직선 **마**에 수직이므로 서로 평행합니다.

6 각도기의 중심과 밑금을 잘 맞춘 후 안쪽과 바깥쪽 눈금 중 어느 것을 읽어야 할지 생각합니다.

참고

각의 변이 각도기보다 짧게 그려져 있을 때에는 각의 변을 연장하여 그린 후 각도기로 잽니다.

8 (1)
(2)

9 평행선 사이의 수직인 선분을 찾습니다.

10 각도의 합은 자연수의 덧셈과 같은 방법으로 계산한 후 °(도)를 붙여 줍니다.
$50+100=150 → 50°+100°=150°$

11 $㉠+90°+35°=180°$
$㉠=180°-125°=55°$

12

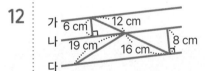

(직선 **가**와 직선 **다** 사이의 거리)
=(직선 **가**와 직선 **나** 사이의 거리)
　+(직선 **나**와 직선 **다** 사이의 거리)
=6+8=14(cm)

13 •

각 1개로 이루어진 예각: 5개
•

각 2개로 이루어진 예각: 4개
• 각 3개로 이루어진 각은 모두 둔각입니다.
따라서 크고 작은 예각은 5+4=9(개)입니다.

14

숫자와 숫자 사이의 큰 눈금 한 칸의 각도: $360° \div 12 = 30°$
ⓐ$= 30° \times 4 = 120°$
ⓑ$= 30° \div 2 = 15°$
→ ⓐ+ⓑ$= 120° + 15° = 135°$

15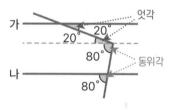

ⓐ$= 20° + 80° = 100°$

2. 삼각형

12강	삼각형	56~57쪽

1 3, 선분

2 ❶ 삼각형 체크리스트 ✔
  ■ (선이) 3개? ☑
  ■ 모두 선분? ☑
  ■ 둘러싸였나? ☐

예 선분으로 둘러싸여 있지 않기 때문입니다.

❷ 삼각형 체크리스트 ✔
  ■ (선이) 3개? ☐
  ■ 모두 선분? ☑
  ■ 둘러싸였나? ☑

예 선분이 6개이기 때문입니다.

3

예

정삼각형
이등변삼각형
예각삼각형
직각삼각형
둔각삼각형

13강	삼각형 세 각의 크기의 합	59~61쪽

1	❶ 60°	❷ 60°
	❸ 50°	❹ 120°
	❺ 130°	❻ 20°
	❼ 35°	❽ 60°
2	❶ 115°	❷ 130°
	❸ 135°	❹ 145°
	❺ 45°	❻ 100°
3	❶ 130°	❷ 70°
	❸ 55°	❹ 90°
	❺ 140°	❻ 95°
	❼ 145°	❽ 60°

1
❶ 180°−50°−70°=60°
❷ 180°−60°−60°=60°
❸ 180°−45°−85°=50°
❹ 180°−20°−40°=120°
❺ 180°−20°−30°=130°
❻ 180°−50°−110°=20°
❼ 180°−55°−90°=35°
❽ 180°−30°−90°=60°

2
❶ (나머지 한 각)=180°−35°−80°=65°
㉠=180°−65°=115°

참고

삼각형에서 세 각의 크기의 합은 180°이고,
일직선은 180°

ㄴ+ㄷ+ㄹ=180°
㉠+ㄴ=180°
→ ㉠=ㄷ+ㄹ

❷ (나머지 한 각)=180°−20°−110°=50°
㉠=180°−50°=130°
❸ (나머지 한 각)=180°−40°−95°=45°
㉠=180°−45°=135°
❹ (나머지 한 각)=180°−55°−90°=35°
㉠=180°−35°=145°

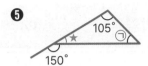
❺ ★=180°−150°=30°
㉠=180°−30°−105°
=45°

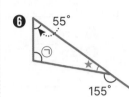
❻ ★=180°−155°=25°
㉠=180°−25°−55°
=100°

3
❶ ㉠+ㄴ=180°−50°=130°
❷ ㉠+ㄴ=180°−110°=70°
❸ ㉠+ㄴ=180°−125°=55°
❹ ㉠+ㄴ=180°−90°=90°
❺ 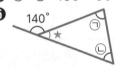 ★=180°−140°=40°
㉠+ㄴ=180°−40°
=140°

다른풀이

삼각형에서 세 각의 크기의 합은 180°이고,
일직선은 180°

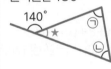
㉠+ㄴ+★=180°
140°+★=180°
→ ㉠+ㄴ=140°

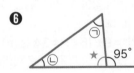
❻ ★=180°−95°=85°
㉠+ㄴ=180°−85°
=95°

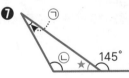
❼ ★=180°−145°=35°
㉠+ㄴ=180°−35°
=145°

❽ ★=180°−60°=120°
㉠+ㄴ=180°−120°=60°

11

정답과 풀이

14강	이등변삼각형	64~67쪽

1	두, 같은	
2	❶ 8	❷ 75
	❸ 5	❹ 35
	❺ 13	❻ 40
3	❶ 20 cm	❷ 28 cm
	❸ 34 cm	❹ 22 cm
4	❶ 4	❷ 6
5	❶ 90°	❷ 100°
	❸ 40°	❹ 150°
	❺ 120°	❻ 90°
6	❶ 65°	❷ 35°
	❸ 75°	❹ 40°
	❺ 165°	❻ 135°

3
❶ 이등변삼각형은 두 변의 길이가 같으므로 나머지 한 변의 길이는 6 cm입니다.
(세 변의 길이의 합)=6+8+6=20 (cm)
❷ 이등변삼각형은 두 변의 길이가 같으므로 나머지 한 변의 길이는 8 cm입니다.
(세 변의 길이의 합)=8+12+8=28 (cm)
❸ 이등변삼각형은 두 변의 길이가 같으므로 나머지 한 변의 길이는 9 cm입니다.
(세 변의 길이의 합)=9+16+9=34 (cm)
❹ 이등변삼각형은 두 변의 길이가 같으므로 나머지 한 변의 길이는 6 cm입니다.
(세 변의 길이의 합)=10+6+6=22 (cm)

4
❶ 이등변삼각형은 두 변의 길이가 같으므로

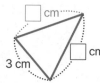

3+□+□=11
□+□=8
□=8÷2=4

❷

9+9+□=24
□=24-18=6

5
❶

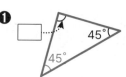

□=180°-45°-45°
=90°

❷

40°
40°

□=180°-40°-40°
=100°

❸

70°
70°

□=180°-70°-70°=40°

❹

15°   15°

□=180°-15°-15°
=150°

❺

60°
60°

□=180°-60°=120°

❻

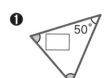

45°
45°

★=180°-45°-45°
=90°
□=180°-90°=90°

6
❶

50°

□+□+50°=180°
□+□=130°
□=65°

❷

110°

□+□+110°=180°
□+□=70°
□=35°

❸

30°

□+□+30°=180°
□+□=150°
□=75°

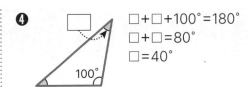

④

$\square + \square + 100° = 180°$
$\square + \square = 80°$
$\square = 40°$

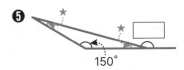

⑤

$\bigstar + \bigstar + 150° = 180°$
$\bigstar + \bigstar = 30°, \bigstar = 15°$
$\square = 180° - \bigstar = 180° - 15° = 165°$

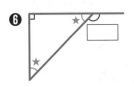

⑥

$\bigstar + \bigstar + 90° = 180°$
$\bigstar + \bigstar = 90°, \bigstar = 45°$
$\square = 180° - 45° = 135°$

15강	정삼각형	70~73쪽

1	세, 같은	
2	❶ 9 ❸ 6, 6 ❺ 11, 11	❷ 60, 60 ❹ 60, 60 ❻ (위에서부터) 60, 120
3	❶ 15 ❸ 21	❷ 9, 9, 9 ❹ 15, 15, 15
4	❶ ○ ❷ × ❸ ○	
5	❶ 18 cm ❷ 21 cm ❹ 36 cm	 ❸ 27 cm ❺ 27 cm
6	❶ 7 ❷ 10 ❸ 7 ❹ 6	

3

❶ 정삼각형은 세 변의 길이가 같으므로
(세 변의 길이의 합)=5×3=15 (cm)
❷ 정삼각형은 세 변의 길이가 같으므로
(한 변의 길이)=27÷3=9 (cm)
❸ 정삼각형은 세 변의 길이가 같으므로
(세 변의 길이의 합)=7×3=21 (cm)
❹ 정삼각형은 세 변의 길이가 같으므로
(한 변의 길이)=45÷3=15 (cm)

4

❷ 정삼각형은 세 각의 크기가 60°로 모두 같습니다.
❸ 정삼각형은 이등변삼각형이라고 할 수 있지만
이등변삼각형은 정삼각형이라고 할 수 없습니다.

5

❶ 빨간색 선의 길이는 정삼각형 한 변의 길이의 6배와
같으므로
(빨간색 선의 길이)=3×6=18 (cm)
❷ 빨간색 선의 길이는 정삼각형 한 변의 길이의 7배와
같으므로
(빨간색 선의 길이)=3×7=21 (cm)
❸ 빨간색 선의 길이는 정삼각형 한 변의 길이의 9배와
같으므로
(빨간색 선의 길이)=3×9=27 (cm)
❹ 빨간색 선의 길이는 정삼각형 한 변의 길이의 12배와
같으므로
(빨간색 선의 길이)=3×12=36 (cm)
❺ 빨간색 선의 길이는 정삼각형 한 변의 길이의 9배와
같으므로
(빨간색 선의 길이)=3×9=27 (cm)

6

❶ (이등변삼각형 세 변의 길이의 합)
=6+6+9=21 (cm)
(정삼각형의 한 변의 길이)=21÷3=7 (cm)
❷ (이등변삼각형 세 변의 길이의 합)
=14+8+8=30 (cm)
(정삼각형의 한 변의 길이)=30÷3=10 (cm)
❸ 이등변삼각형에서 길이가 같은 두 변의 길이는 각각
8 cm입니다.
(이등변삼각형 세 변의 길이의 합)
=5+8+8=21 (cm)
(정삼각형 한 변의 길이)=21÷3=7 (cm)
❹ 이등변삼각형에서 길이가 같은 두 변의 길이는 각각
7 cm입니다.
(이등변삼각형 세 변의 길이의 합)
=7+7+4=18 (cm)
(정삼각형 한 변의 길이)=18÷3=6 (cm)

정답과 풀이

특강 문제	❶ 세, 예각삼각형 세, 정삼각형 ❷ 직각, 직각삼각형 두, 이등변삼각형 ❸ 둔각, 둔각삼각형 두, 이등변삼각형 ❹ 직각, 다릅니다, 직각삼각형

1	예각삼각형	직각삼각형	둔각삼각형
	가, 사, 아	라, 마	나, 다, 바

2	❶ ○ ❷ × ❸ ○ ❹ ×

3	❶ 예각삼각형 ❷ 이등변삼각형, 정삼각형, 예각삼각형 ❸ 이등변삼각형, 둔각삼각형 ❹ 둔각삼각형 ❺ 이등변삼각형, 둔각삼각형

2 ❷ 예각삼각형은 세 각이 모두 예각인 삼각형입니다.
　❹ 둔각삼각형은 세 변의 길이가 같지 않습니다.

3 ❶ (나머지 한 각)
$=180°-60°-50°=70°$
→ 예각삼각형

❷ (나머지 한 각)
$=180°-60°-60°=60°$
→ 정삼각형이면서 예각삼각형,
　정삼각형이므로 이등변삼각형

❸ (나머지 한 각)
$=180°-110°-35°=35°$
→ 둔각삼각형이면서
　이등변삼각형

❹ (나머지 한 각)
$=180°-55°-30°=95°$
→ 둔각삼각형

❺ (나머지 한 각)
$=180°-40°-40°=100°$
→ 둔각삼각형이면서
　이등변삼각형

대표 문제 1	❶ ❷ 9, 3, 1 ❸ 9, 3, 1, 13 답 13개

1	❶ 5개	❷ 5개
	❸ 6개	❹ 12개
	❺ 10개	❻ 16개

1 ❶ · 정삼각형 1개짜리

 : 3개,   : 2개
→ 크고 작은 정삼각형은 모두 3+2=5(개)입니다.

❷ · 가장 작은 정삼각형 1개짜리

: 3개,   : 1개

· 가장 작은 정삼각형 4개짜리

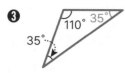 : 1개

→ 크고 작은 정삼각형은 모두 3+1+1=5(개)입니다.

❸ · 정삼각형 1개짜리

: 3개,   : 3개
→ 크고 작은 정삼각형은 모두 3+3=6(개)입니다.

❹ · 가장 작은 정삼각형 1개짜리

: 5개,   : 5개

· 가장 작은 정삼각형 4개짜리

 : 1개,   : 1개

→ 크고 작은 정삼각형은 모두 5+5+1+1=12(개)
입니다.

❺ • 가장 작은 정삼각형 1개짜리

 : 4개, : 4개

• 가장 작은 정삼각형 4개짜리

: 1개, : 1개

→ 크고 작은 정삼각형은 모두 4+4+1+1=10(개)
입니다.

❻ • 가장 작은 정삼각형 1개짜리

 : 7개, : 5개

• 가장 작은 정삼각형 4개짜리

: 3개, : 1개

→ 크고 작은 정삼각형은 모두 7+5+3+1=16(개)
입니다.

2~4

❶ 작은 삼각형으로 만들 수 있는 모든 삼각형을 알아봅니다.
• 작은 삼각형 1개로 이루어진 삼각형

둔각삼각형   예각삼각형   둔각삼각형

• 작은 삼각형 2개로 이루어진 삼각형

예각삼각형   예각삼각형

• 작은 삼각형 3개로 이루어진 삼각형

직각삼각형

→ 예각삼각형: 3개, 직각삼각형: 1개, 둔각삼각형: 2개

❷ 작은 삼각형으로 만들 수 있는 모든 삼각형을 알아봅니다.
• 작은 삼각형 1개로 이루어진 삼각형

둔각삼각형   둔각삼각형   직각삼각형

직각삼각형

• 작은 삼각형 2개로 이루어진 삼각형

둔각삼각형   직각삼각형   예각삼각형

• 작은 삼각형 3개로 이루어진 삼각형

직각삼각형   예각삼각형

• 작은 삼각형 4개로 이루어진 삼각형

예각삼각형

→ 예각삼각형: 3개, 직각삼각형: 4개, 둔각삼각형: 3개

대표 문제 2	❶ 예각 ❷ 1, 2, 0 ❸ 1, 2, 0, 3 답 3개	
2	❶ 3개	❷ 3개
3	❶ 1개	❷ 4개
4	❶ 2개	❷ 3개

정답과 풀이

18강	직각 삼각자	82~85쪽

대표 문제 1	❶ 45° / 60° ❷ 180° / 45°, 60° / 75° 답 75°	
1	❶ 105° ❸ 150° ❺ 120°	❷ 15° ❹ 45° ❻ 75°

대표 문제 2	❶ 30° / 45° ❷ 180° / 30°, 45° / 105° 답 105°	
2	❶ 75° ❸ 120° ❺ 120°	❷ 75° ❹ 105° ❻ 105°

1

❶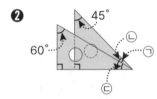
직각 삼각자이므로
ⓛ=45°, ⓒ=60°
→ ㉠=ⓛ+ⓒ
　　=45°+60°
　　=105°

❷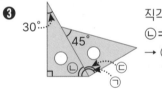
직각 삼각자이므로
ⓛ=45°, ⓒ=30°
→ ㉠=ⓛ-ⓒ
　　=45°-30°
　　=15°

❸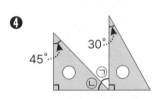
직각 삼각자이므로
ⓛ=60°, ⓒ=90°
→ ㉠=ⓛ+ⓒ
　　=60°+90°
　　=150°

❹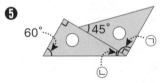
직각 삼각자이므로
ⓛ=45°
ⓛ+㉠+90°=180°
→ ㉠=180°-ⓛ-90°
　　=180°-45°-90°
　　=45°

❺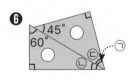
직각 삼각자이므로
ⓛ=30°
→ ㉠=ⓛ+90°
　　=30°+90°
　　=120°

❻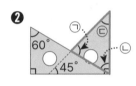
직각 삼각자이므로
ⓛ=30°, ⓒ=45°
→ ㉠=ⓛ+ⓒ
　　=30°+45°
　　=75°

2

❶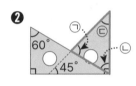
직각 삼각자이므로
ⓛ=45°, ⓒ=60°
삼각형 세 각의 크기의
합은 180°이므로
㉠=180°-45°-60°=75°

❷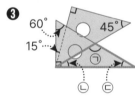
직각 삼각자이므로
ⓛ=90°-30°=60°
ⓒ=45°
삼각형 세 각의 크기의
합은 180°이므로
㉠=180°-60°-45°=75°

❸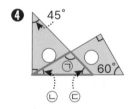
직각 삼각자이므로
ⓛ=90°-15°-45°=30°
ⓒ=30°
삼각형 세 각의 크기의
합은 180°이므로
㉠=180°-30°-30°=120°

❹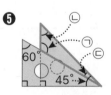
직각 삼각자이므로
ⓛ=30°, ⓒ=45°
삼각형 세 각의 크기의
합은 180°이므로
㉠=180°-30°-45°=105°

❺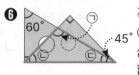
직각 삼각자이므로
ⓛ=45°, ⓒ=45°-30°=15°
삼각형 세 각의 크기의
합은 180°이므로
㉠=180°-45°-15°=120°

❻
직각 삼각자이므로
ⓛ=45°, ⓒ=30°
삼각형 세 각의 크기의
합은 180°이므로
㉠=180°-45°-30°=105°

1	( ) (○) ( ) ( )
2	(1) 가, 다, 마, 사, 아 (2) 가, 사 (3) 가, 사, 아 (4) 나, 다, 바
3	(1) 60° (2) 75°
4	(위에서부터) 40, 8
5	(위에서부터) 10, 60
6	18 cm
7	140°
8	12 cm
9	이등변삼각형, 직각삼각형
10	6 cm
11	115°
12	(1) 125° (2) 55°
13	30 cm
14	4개
15	(1) 135° (2) 105°

2
(1) 두 변의 길이가 같은 삼각형은 **가, 다, 마, 사, 아**입니다. **가, 사**는 정삼각형이므로 이등변삼각형이라고 할 수 있습니다.

> **참고**
>
> 변의 길이에 따라 이등변삼각형, 정삼각형으로 분류할 수 있고, 각의 크기에 따라 예각삼각형, 직각삼각형, 둔각삼각형으로 분류할 수 있습니다.

(2) 세 변의 길이가 같은 삼각형은 **가, 사**입니다.
(3) 세 각이 모두 예각인 삼각형은 **가, 사, 아**입니다.
(4) 한 각이 둔각인 삼각형은 **나, 다, 바**입니다.
　　라, 마, 자는 직각삼각형입니다.

3
(1) 삼각형 세 각의 크기의 합은 180°이므로
　　㉠=180°-80°-40°=60°
(2) ㉠=180°-50°-55°=75°

4
이등변삼각형이므로 두 변의 길이가 같고, 두 각의 크기가 같습니다.

5
정삼각형은 세 변의 길이가 같고, 세 각의 크기가 모두 60°로 같습니다.

6
이등변삼각형은 두 변의 길이가 같으므로 나머지 한 변의 길이는 5 cm입니다.
(세 변의 길이의 합)=8+5+5=18 (cm)

7
㉠+㉡+40°=180°
→ ㉠+㉡=180°-40°=140°

8
정삼각형은 세 변의 길이가 같으므로 한 변의 길이는 36÷3=12 (cm)입니다.

9
나머지 한 각의 크기는 180°-90°-45°=45°이므로 이등변삼각형이면서 직각삼각형입니다.

10
(이등변삼각형 세 변의 길이의 합)=7+7+4=18 (cm)
(정삼각형 한 변의 길이)=18÷3=6 (cm)

11
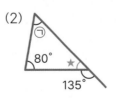
이등변삼각형은 두 각의 크기가 같으므로
50°+★+★=180°
★=130°÷2=65°
일직선은 180°이므로
㉠=180°-★=180°-65°=115°

12
(1)
★=180°-80°-45°=55°
㉠=180°-★
　=180°-55°=125°

(2)
★=180°-135°=45°
㉠=180°-80°-★
　=180°-80°-45°=55°

13
빨간색 선의 길이는 정삼각형 한 변의 길이의 6배이므로
(빨간색 선의 길이)=5×6=30 (cm)

정답과 풀이

14 작은 삼각형으로 만들 수 있는 모든 삼각형을 알아봅니다.
· 작은 삼각형 1개로 이루어진 삼각형

둔각삼각형　　예각삼각형　　둔각삼각형

· 작은 삼각형 2개로 이루어진 삼각형

예각삼각형　　예각삼각형

· 작은 삼각형 3개로 이루어진 삼각형

예각삼각형

→ 크고 작은 예각삼각형은 4개입니다.

15 (1)

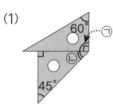

직각 삼각자이므로
ⓒ=45°
→ ㉠=90°+ⓒ
　=90°+45°
　=135°

(2)

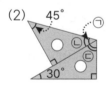

직각 삼각자이므로
ⓒ=45°, ⓒ=60°
→ ㉠=ⓒ+ⓒ
　=45°+60°
　=105°

3. 사각형

20강	사각형	92~93쪽

1 네, 선분

2 ❶ 사각형 체크리스트 ✔
■ (선이) 4개? □
■ 모두 선분? ☑
■ 둘러싸였나? ☑

예 선분이 5개이기 때문입니다.

❷ 사각형 체크리스트 ✔
■ (선이) 4개? ☑
■ 모두 선분? □
■ 둘러싸였나? ☑

예 선분으로 둘러싸여 있지 않기 때문입니다.

3 ❶예 ❷예 ❸예 ❹예

4 ❶ × ❷ ○ ❸ ○

3 서로 다른 네 점을 이어 사각형을 그립니다.

4 ❶ 사각형은 네 개의 선분으로 둘러싸인 도형입니다.

18

21강	사각형 네 각의 크기의 합	95~97쪽

1	❶ 75°	❷ 65°
	❸ 120°	❹ 125°
	❺ 120°	❻ 30°
	❼ 115°	❽ 55°

2	❶ 140°	❷ 70°
	❸ 70°	❹ 80°
	❺ 50°	❻ 135°

3	❶ 240°	❷ 165°
	❸ 175°	❹ 140°
	❺ 190°	❻ 180°

1
❶ 360°−140°−65°−80°=75°
❷ 360°−85°−135°−75°=65°
❸ 360°−100°−55°−85°=120°
❹ 360°−70°−55°−110°=125°
❺ 360°−60°−130°−50°=120°
❻ 360°−100°−140°−90°=30°
❼ 360°−110°−45°−90°=115°
❽ 360°−90°−125°−90°=55°

2
❶ (나머지 한 각)=360°−140°−40°−140°=40°
㉠=180°−40°=140°
❷ (나머지 한 각)=360°−50°−110°−90°=110°
㉠=180°−110°=70°
❸ (나머지 한 각)=360°−75°−75°−100°=110°
㉠=180°−110°=70°
❹ (나머지 한 각)=360°−90°−85°−85°=100°
㉠=180°−100°=80°

❺
★=180°−95°=85°
㉠=360°−80°−145°−85°
=50°

❻
★=180°−100°=80°
㉠=360°−80°−65°−80°
=135°

3
❶ ㉠+㉡=360°−60°−60°=240°
❷ ㉠+㉡=360°−130°−65°=165°

❸
★=180°−65°=115°
㉠+㉡=360°−115°−70°=175°

❹
★=180°−80°=100°
㉠+㉡=360°−120°−100°=140°

❺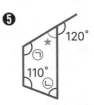
★=180°−120°=60°
㉠+㉡=360°−110°−60°=190°

❻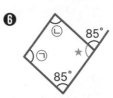
★=180°−85°=95°
㉠+㉡=360°−95°−85°=180°

22강	사다리꼴	99쪽

1	❶ ( ) (○) ( ) ( )
	❷ (○) ( ) ( ) ( )

2	❶ ○ ❷ × ❸ ○ ❹ ×

2
❷ 사다리꼴은 4개의 각이 있습니다.
❸ 사다리꼴은 평행한 변이 한 쌍 있습니다.
❹ 평행한 변이 한 쌍이라도 있으면 사다리꼴이므로 평행한 변이 두 쌍인 사각형도 사다리꼴입니다.

정답과 풀이

23강	평행사변형	102~105쪽

1	나, 다, 라, 사

2	❶ (위에서부터) 7, 10 ❷ (위에서부터) 75,105 ❸ (위에서부터) 6, 4 ❹ (왼쪽에서부터) 70,110

3	❶ 42 cm	
	❷ 32 cm	❸ 40 cm
	❹ 26 cm	❺ 24 cm
	❻ 28 cm	❼ 28 cm

4	❶ 12	
	❷ 9	❸ 7
	❹ 10	❺ 9

5	❶ 75°	❷ 70°
	❸ 110°	❹ 50°
	❺ 140°	❻ 120°
	❼ 90°	❽ 55°

1 평행사변형은 마주 보는 두 쌍의 변이 서로 평행한 사각형입니다.

3 ❷ 9+7+9+7=32 (cm)
❸ 9+11+9+11=40 (cm)
❹ 8+5+8+5=26 (cm)
❺ 6+6+6+6=24 (cm)
❻ 6+8+6+8=28 (cm)
❼ 5+9+5+9=28 (cm)

4 평행사변형은 마주 보는 두 변의 길이가 같습니다.
❷ 6+6+□+□=30, □+□=18, □=9
❸ 4+4+□+□=22, □+□=14, □=7
❹ 12+12+□+□=44, □+□=20, □=10
❺ 7+7+□+□=32, □+□=18, □=9

5 ❶ 평행사변형에서 이웃한 두 각의 크기의 합은 180°이므로 ㉠=180°-105°=75°

❷ 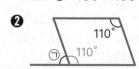 일직선은 180°이므로
㉠=180°-110°=70°

❸ ㉠=180°-70°=110°

❹
평행사변형에서 마주 보는 두 각의 크기가 같으므로
★=130°
㉠=180°-130°=50°

❺ ㉠=180°-40°=140°

❻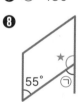
평행사변형에서 이웃한 두 각의 크기의 합은 180°이므로
★=180°-120°=60°
㉠=180°-60°=120°

❼ ㉠=180°-90°=90°

❽
평행사변형에서 이웃한 두 각의 크기의 합은 180°이므로
★=180°-55°=125°
㉠=180°-125°=55°

24강	직사각형	108~109쪽

1	다, 라
2	❶ (위에서부터) 5, 9 ❷ (위에서부터) 90, 90 ❸ (위에서부터) 7, 5 ❹ (위에서부터) 90, 90
3	❶ 26 cm　　　　❷ 48 cm
4	❶ 10　　　　❷ 8 ❸ 11　　　　❹ 9

3 　직사각형은 마주 보는 두 변의 길이가 같습니다.
　❶ (네 변의 길이의 합)=5+8+5+8=26 (cm)
　❷ (네 변의 길이의 합)=9+15+9+15=48 (cm)

4 　직사각형은 마주 보는 두 변의 길이가 같습니다.
　❶ 5+5+□+□=30, □+□=20, □=10
　❷ 10+10+□+□=36, □+□=16, □=8
　❸ 6+6+□+□=34, □+□=22, □=11
　❹ 15+15+□+□=48, □+□=18, □=9

25강	마름모	112~115쪽

1	가, 라, 마
2	❶ 다릅니다, 마름모가 아닙니다 ❷ 다릅니다, 마름모가 아닙니다 ❸ 같습니다, 마름모입니다
3	❶ 5, 5　　　　❷ (위에서부터) 135, 45 ❸ 10, 10　　　　❹ (위에서부터) 140, 40 ❺ 7, 7, 7　　　　❻ (위에서부터) 100, 80 ❼ 3, 3, 3　　　　❽ (위에서부터) 55, 125
4	❶ 36　　　　❷ 6 ❸ 24　　　　❹ 8 ❺ 40　　　　❻ 11
5	❶ 40°　　　　❷ 65° ❸ 80°　　　　❹ 110° ❺ 75°　　　　❻ 60° ❼ 100°　　　　❽ 125°

4 　마름모는 네 변의 길이가 같습니다.
　❶ (네 변의 길이의 합)=9×4=36 (cm)
　❷ □×4=24, □=6
　❸ (네 변의 길이의 합)=6×4=24 (cm)
　❹ □×4=32, □=8
　❺ (네 변의 길이의 합)=10×4=40 (cm)
　❻ □×4=44, □=11

5 　❶

마름모에서 마주 보는 두 각의 크기는 같으므로
★=140°, ㉠=180°−140°=40°

❷
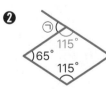

㉠=180°−115°=65°

❸

마름모에서 이웃한 두 각의 크기의 합은 180°이므로
★=180°−80°=100°, ㉠=180°−100°=80°

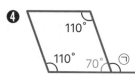

❹ ㉠=180°−70°=110°

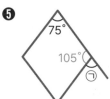

❺ ㉠=180°−105°=75°

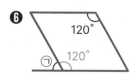

❻ ㉠=180°−120°=60°

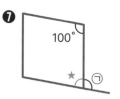

❼ 마름모에서 이웃한 두 각의 크기의 합은 180°이므로
★=180°−100°=80°, ㉠=180°−80°=100°

❽ ㉠=180°−55°=125°

26강	정사각형	118~121쪽

1	나, 마	
2	❶ 4, 4, 4 ❸ 3, 3, 3	❷ 90, 90 ❹ 90, 90
3	❶ 32 ❸ 20	❷ 10, 10 ❹ 7, 7
4	❶ ○　　　❷ ○	❸ ×
5	❶ 40 cm ❷ 40 cm ❹ 60 cm	❸ 70 cm ❺ 60 cm
6	❶ 10　　❷ 15　　❸ 7　　❹ 8	

4　❸ 정사각형의 모든 변의 길이는 같습니다.

5　❷ 빨간색 선의 길이는 정사각형 한 변의 길이의 8배와
　　같으므로
　　(빨간색 선의 길이)=5×8=40 (cm)
　　❸ 빨간색 선의 길이는 정사각형 한 변의 길이의 14배와
　　같으므로
　　(빨간색 선의 길이)=5×14=70 (cm)
　　❹ 빨간색 선의 길이는 정사각형 한 변의 길이의 12배와
　　같으므로
　　(빨간색 선의 길이)=5×12=60 (cm)
　　❺ 빨간색 선의 길이는 정사각형 한 변의 길이의 12배와
　　같으므로
　　(빨간색 선의 길이)=5×12=60 (cm)

6　❷ 평행사변형은 마주 보는 두 변의 길이가 같으므로
　　(평행사변형 네 변의 길이의 합)
　　=12+18+12+18=60 (cm)
　　□×4=60, □=15
　　❸ 마름모는 네 변의 길이가 같으므로
　　(마름모 네 변의 길이의 합)=7×4=28 (cm)
　　□×4=28, □=7
　　❹ 직사각형은 마주 보는 두 변의 길이가 같으므로
　　(직사각형 네 변의 길이의 합)
　　=11+5+11+5=32 (cm)
　　□×4=32, □=8

27강 사각형 사이의 관계　124~127쪽

1

❶ 사각형 / 사다리꼴 / 평행사변형 / 마름모 / 직사각형 / 정사각형

❷ 사각형 / 사다리꼴 / 평행사변형 / 마름모 / 직사각형 / 정사각형

❸ 사각형 / 사다리꼴 / 평행사변형 / 마름모 / 직사각형 / 정사각형

❹ 사각형 / 사다리꼴 / 평행사변형 / 마름모 / 직사각형 / 정사각형

2

❶ 사다리꼴, 평행사변형, 직사각형

❷ 사다리꼴, 평행사변형

❸ 사다리꼴, 평행사변형, 직사각형, 마름모, 정사각형

❹ 사다리꼴, 평행사변형, 직사각형

3

| ❶ × | ❷ ○ | ❸ × | ❹ ○ |
| ❺ × | ❻ × | ❼ ○ | ❽ × |

4

| ❶ × | ❷ × | ❸ × | ❹ ○ |
| ○ | ○ | × | × |

3

❶ 평행사변형은 마주 보는 두 변의 길이가 같습니다.

❸ 직사각형은 사각형이므로 4개의 선분으로 둘러싸여 있습니다.

❺ 마름모는 마주 보는 두 각의 크기가 같습니다.

❽ 사다리꼴은 평행한 변이 한 쌍 있습니다.

4

❶ 모든 정사각형은 마름모라고 할 수 있지만 마름모는 모든 각이 직각이 아니기 때문에 모든 마름모는 정사각형이라고 할 수 없습니다.

❷ 모든 정사각형은 사다리꼴이라고 할 수 있지만 사다리꼴은 한 쌍의 변만 평행하므로 모든 사다리꼴은 정사각형이라고 할 수 없습니다.

❸ 마름모는 네 각이 직각이 아니므로 직사각형이라고 할 수 없고, 직사각형은 네 변의 길이가 모두 같지 않으므로 마름모라고 할 수 없습니다.

❹ 평행사변형은 네개의 선분으로 둘러싸여 있으므로 사각형이라고 할 수 있습니다.

28강 크고 작은 사각형　128~131쪽

대표문제 1

❶ (표)

❷ 3, 2, 1

❸ 3, 2, 1, 6

답 6개

1

❶ 3개	❷ 10개
❸ 9개	❹ 18개
❺ 10개	❻ 12개

1

❶ · 작은 사각형 1개로 이루어진 사각형

⬜ : 2개

· 작은 사각형 2개로 이루어진 사각형

⬜⬜ : 1개

→ 2+1=3(개)

❷ · 작은 사각형 1개로 이루어진 사각형

⬜ : 4개

· 작은 사각형 2개로 이루어진 사각형

⬜⬜ : 3개

• 작은 사각형 3개로 이루어진 사각형
　: 2개
• 작은 사각형 4개로 이루어진 사각형
　: 1개
→ 4+3+2+1=10(개)

❸ • 작은 사각형 1개로 이루어진 사각형
　: 4개
• 작은 사각형 2개로 이루어진 사각형
　: 2개, : 2개 → 4개
• 작은 사각형 4개로 이루어진 사각형
　: 1개
→ 4+4+1=9(개)

❹ • 작은 사각형 1개로 이루어진 사각형
　: 6개
• 작은 사각형 2개로 이루어진 사각형
　: 4개, : 3개 → 7개
• 작은 사각형 3개로 이루어진 사각형
　: 2개
• 작은 사각형 4개로 이루어진 사각형
　: 2개
• 작은 사각형 6개로 이루어진 사각형
　: 1개
→ 6+7+2+2+1=18(개)

❺ • 작은 사각형 1개로 이루어진 사각형
　: 5개
• 작은 사각형 2개로 이루어진 사각형
　: 2개, : 2개 → 4개
• 작은 사각형 3개로 이루어진 사각형

　: 1개
→ 5+4+1=10(개)

❻ • 작은 사각형 1개로 이루어진 사각형
　: 5개
• 작은 사각형 2개로 이루어진 사각형
　: 3개, : 2개 → 5개
• 작은 사각형 3개로 이루어진 사각형
　: 1개
• 작은 사각형 4개로 이루어진 사각형
　: 1개
→ 5+5+1+1=12(개)

대표 문제 2	❶ 평행	
	❷ 4, 4, 1	
	❸ 4, 4, 1, 9　　　　目 9개	
2	❶ 6개	❷ 16개
3	❶ 9개	❷ 6개
4	❶ 18개	❷ 9개

2　❶ • 사각형 1개로 이루어진 사다리꼴
　: 3개
• 사각형 2개로 이루어진 사다리꼴
　: 2개
• 사각형 3개로 이루어진 사다리꼴
　: 1개
→ 3+2+1=6(개)

❷ • 도형 1개로 이루어진 사다리꼴
　: 5개

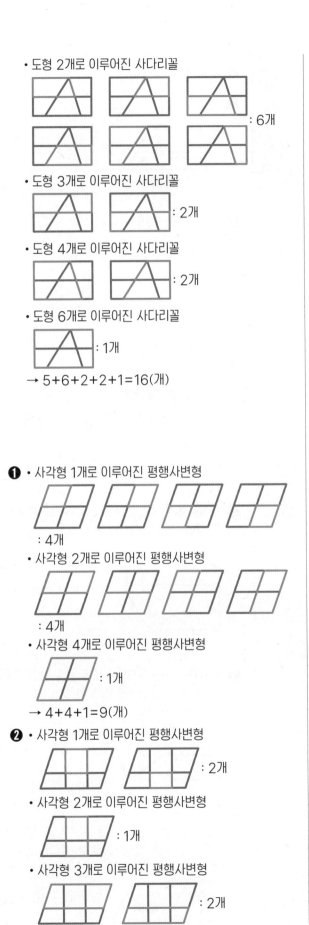

· 도형 2개로 이루어진 사다리꼴

: 6개

· 도형 3개로 이루어진 사다리꼴

: 2개

· 도형 4개로 이루어진 사다리꼴

: 2개

· 도형 6개로 이루어진 사다리꼴

: 1개

→ 5+6+2+2+1=16(개)

3 ❶ · 사각형 1개로 이루어진 평행사변형

: 4개

· 사각형 2개로 이루어진 평행사변형

: 4개

· 사각형 4개로 이루어진 평행사변형

: 1개

→ 4+4+1=9(개)

❷ · 사각형 1개로 이루어진 평행사변형

: 2개

· 사각형 2개로 이루어진 평행사변형

: 1개

· 사각형 3개로 이루어진 평행사변형

: 2개

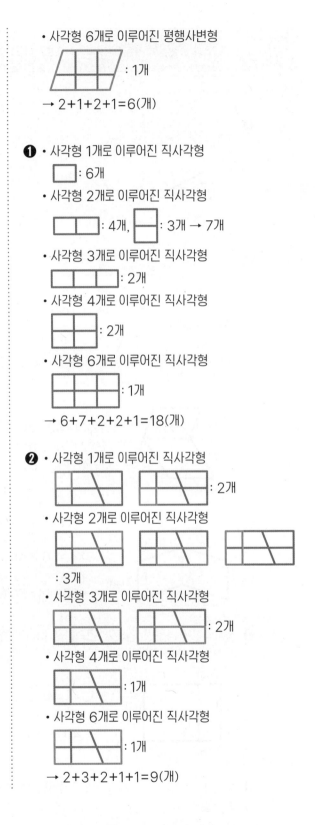

· 사각형 6개로 이루어진 평행사변형

: 1개

→ 2+1+2+1=6(개)

4 ❶ · 사각형 1개로 이루어진 직사각형

: 6개

· 사각형 2개로 이루어진 직사각형

: 4개, : 3개 → 7개

· 사각형 3개로 이루어진 직사각형

: 2개

· 사각형 4개로 이루어진 직사각형

: 2개

· 사각형 6개로 이루어진 직사각형

: 1개

→ 6+7+2+2+1=18(개)

❷ · 사각형 1개로 이루어진 직사각형

: 2개

· 사각형 2개로 이루어진 직사각형

: 3개

· 사각형 3개로 이루어진 직사각형

: 2개

· 사각형 4개로 이루어진 직사각형

: 1개

· 사각형 6개로 이루어진 직사각형

: 1개

→ 2+3+2+1+1=9(개)

정답과 풀이

29강   이어 붙인 사각형   132~135쪽

대표 문제 1

❶ 네 / 두

❷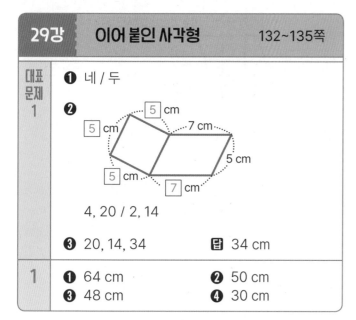

4, 20 / 2, 14

❸ 20, 14, 34   🖺 34 cm

1 ❶ 64 cm   ❷ 50 cm

❸ 48 cm   ❹ 30 cm

1

❶ 평행사변형은 마주 보는 두 변의 길이가 같고, 마름모는 네 변의 길이가 같습니다.

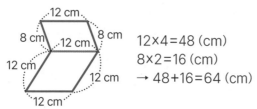

12×4=48 (cm)
8×2=16 (cm)
→ 48+16=64 (cm)

❷ 평행사변형은 마주 보는 두 변의 길이가 같습니다.

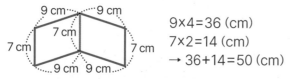

9×4=36 (cm)
7×2=14 (cm)
→ 36+14=50 (cm)

❸ 정사각형은 네 변의 길이가 모두 같고, 직사각형은 마주 보는 두 변의 길이가 같습니다.

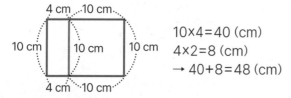

10×4=40 (cm)
4×2=8 (cm)
→ 40+8=48 (cm)

❹ 정삼각형은 세 변의 길이가 같고, 마름모는 네 변의 길이가 같습니다.

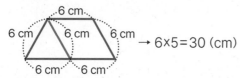

→ 6×5=30 (cm)

대표 문제 2

❶ 180° / 같습니다.

❷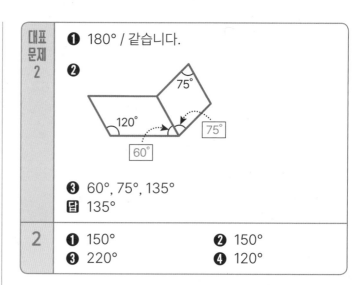

❸ 60°, 75°, 135°
🖺 135°

2 ❶ 150°   ❷ 150°

❸ 220°   ❹ 120°

2

❶ 정사각형 한 각의 크기는 90°이고, 평행사변형은 마주 보는 각의 크기가 같습니다.

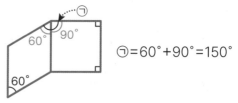

㉠=60°+90°=150°

❷ 정사각형 한 각의 크기는 90°이고, 마름모에서 이웃한 두 각의 크기의 합은 180°입니다.

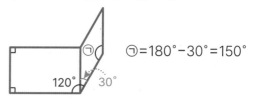

㉠=180°−30°=150°

❸ 평행사변형과 마름모는 마주 보는 각의 크기가 같고, 이웃한 두 각의 크기의 합이 180°입니다.

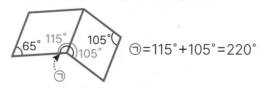

㉠=115°+105°=220°

❹ 정삼각형 한 각의 크기는 60°이고, 평행사변형에서 이웃한 두 각의 크기의 합은 180°입니다.

㉠=60°+60°=120°

30강	접은 도형의 각도	136~139쪽

대표 문제 1

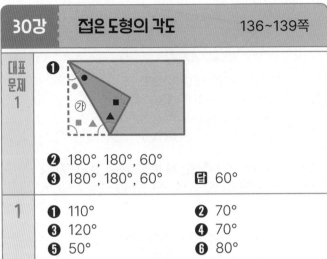

➋ 180°, 180°, 60°
➌ 180°, 180°, 60°   답 60°

1

➊ 110°   ➋ 70°
➌ 120°   ➍ 70°
➎ 50°   ➏ 80°

대표 문제 2

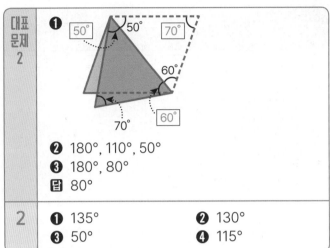

➋ 180°, 110°, 50°
➌ 180°, 80°
답 80°

2

➊ 135°   ➋ 130°
➌ 50°   ➍ 115°

1

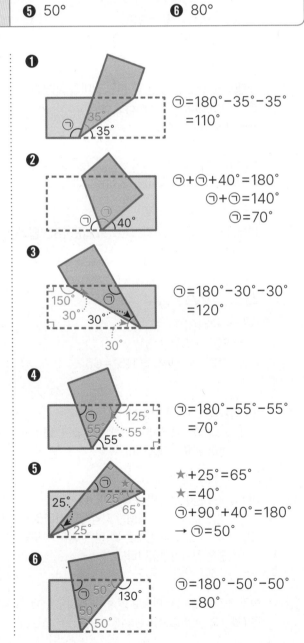

➊ ㉠=180°-35°-35°
     =110°

➋ ㉠+㉠+40°=180°
     ㉠+㉠=140°
     ㉠=70°

➌ ㉠=180°-30°-30°
     =120°

➍ ㉠=180°-55°-55°
     =70°

➎ ★+25°=65°
     ★=40°
     ㉠+90°+40°=180°
     → ㉠=50°

➏ ㉠=180°-50°-50°
     =80°

2

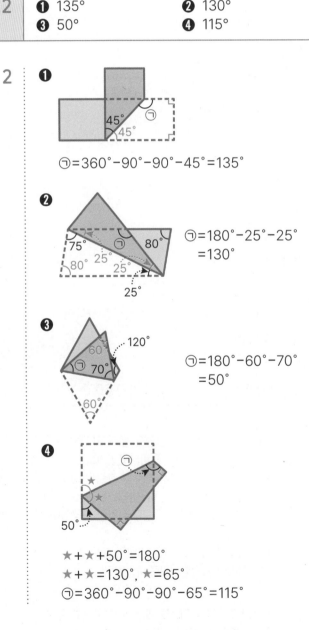

➊ ㉠=360°-90°-90°-45°=135°

➋ ㉠=180°-25°-25°
     =130°

➌ ㉠=180°-60°-70°
     =50°

➍ ★+★+50°=180°
     ★+★=130°, ★=65°
     ㉠=360°-90°-90°-65°=115°

31강	평가	140~142쪽

1	( ) ( ) ( ) (○)
2	(1) 가, 나, 다, 마, 바 (2) 가, 다, 마, 바 (3) 가, 마, 바 (4) 마
3	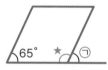
4	
5	(1) 110°　　　　(2) 130°
6	26 cm
7	205°
8	13 cm
9	65°
10	ⓒ, ⓒ
11	사다리꼴, 평행사변형, 마름모
12	(1) 사다리꼴　　　(2) 정사각형
13	60 cm
14	9개
15	(1) 50°　　　　(2) 60°

2
(1) 사다리꼴은 서로 평행한 변이 한 쌍이라도 있는 사각형이므로 **가, 나, 다, 마, 바**입니다.
(2) 평행사변형은 마주 보는 두 쌍의 변이 서로 평행한 사각형이므로 **가, 다, 마, 바**입니다.
(3) 직사각형은 네 각이 모두 직각인 사각형이므로 **가, 마, 바**입니다.
(4) 정사각형은 네 변의 길이가 모두 같고, 네 각이 모두 직각인 사각형이므로 **마**입니다.

5
(1) 사각형 네 각의 크기의 합은 360°이므로
　　㉠+85°+90°+75°=360°
　　→ ㉠=110°

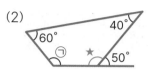

(2)
　★=180°−50°=130°
　㉠+60°+40°+130°=360°
　→ ㉠=130°

6 직사각형은 마주 보는 두 변의 길이가 같으므로
(네 변의 길이의 합)=10+3+10+3=26 (cm)

7 사각형 네 각의 크기의 합은 360°이므로
㉠+ⓒ+80°+75°=360°
→ ㉠+ⓒ=205°

8 평행사변형은 마주 보는 두 변의 길이가 같습니다.
변 ㄱㄹ의 길이를 □ cm라고 하면
8+□+8+□=42
□+□=26
□=13
따라서 변 ㄱㄹ의 길이는 13 cm입니다.

9 마름모에서 이웃한 두 각의 크기의 합은 180°입니다.

65°+★=180°
★=180°−65°=115°
㉠=180°−★=180°−115°=65°

10 가: 직사각형, 나: 정사각형
→ 두 사각형은 네 각의 크기가 모두 같고, 마주 보는 두 쌍의 변이 서로 평행합니다.

12
(1) 4개의 변이 있으면 사각형입니다.
　　한 쌍의 변만 서로 평행한 사각형은 사다리꼴입니다.
(2) 네 각이 모두 직각이고, 네 변의 길이가 모두 같은 사각형은 정사각형입니다.

13 빨간색 선의 길이는 마름모 한 변의 길이의 10배와 같으므로 (빨간색 선의 길이)=6×10=60 (cm)입니다.

14

- 사각형 1개로 이루어진 사다리꼴

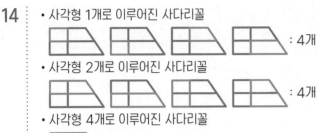 : 4개

- 사각형 2개로 이루어진 사다리꼴

: 4개

- 사각형 4개로 이루어진 사다리꼴

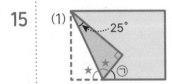 : 1개

→ 4+4+1=9(개)

15

(1)
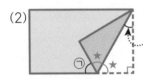
···25°

★+25°+90°=180°
★=65°
65°+65°+㉠=180°
㉠=50°

(2)
···30°

★+30°+90°=180°
★=60°
60°+60°+㉠=180°
㉠=60°

4. 다각형

32강	다각형	146~149쪽
1	×, ○, ×	
2	5 / 6 / 4 오각형 / 육각형 / 사각형	
3	6 / 4 / 8 정육각형 / 정사각형 / 정팔각형	
4	❶ 35 cm ❷ 40 cm ❹ 40 cm	❸ 36 cm ❺ 56 cm
5	❶ 8 cm ❷ 10 cm ❹ 10 cm	❸ 8 cm ❺ 8 cm
6	❶ 15 cm ❷ 32 cm ❹ 49 cm	❸ 30 cm ❺ 90 cm

4

❷ 변이 4개인 정다각형이므로 정사각형입니다. 정사각형은 변 4개의 길이가 모두 같으므로 모든 변의 길이의 합은 10×4=40 (cm)입니다.

❸ 변이 6개인 정다각형이므로 정육각형입니다. 정육각형은 변 6개의 길이가 모두 같으므로 모든 변의 길이의 합은 6×6=36 (cm)입니다.

❹ 변이 8개인 정다각형이므로 정팔각형입니다. 정팔각형은 변 8개의 길이가 모두 같으므로 모든 변의 길이의 합은 5×8=40 (cm)입니다.

❺ 변이 7개인 정다각형이므로 정칠각형입니다. 정칠각형은 변 7개의 길이가 모두 같으므로 모든 변의 길이의 합은 8×7=56 (cm)입니다.

5

❷ 변이 5개인 정다각형이므로 정오각형입니다. 정오각형은 변 5개의 길이가 모두 같으므로 한 변의 길이는 50÷5=10 (cm)입니다.

❸ 변이 6개인 정다각형이므로 정육각형입니다. 정육각형은 변 6개의 길이가 모두 같으므로 한 변의 길이는 48÷6=8 (cm)입니다.

❹ 변이 4개인 정다각형이므로 정사각형입니다. 정사각형은 변 4개의 길이가 모두 같으므로 한 변의 길이는 40÷4=10 (cm)입니다.

❺ 변이 8개인 정다각형이므로 정팔각형입니다. 정팔각형은 변 8개의 길이가 모두 같으므로 한 변의 길이는 64÷8=8 (cm)입니다.

6 ❶

| 3 cm | | 3 cm |

(빨간색 선의 길이)
=3 cm×5
=15 cm

❷ 정사각형과 정육각형은 모든 변의 길이가 같으므로 빨간색 선의 길이는 정사각형 한 변의 길이의 8배입니다.
(빨간색 선의 길이)=4×8=32 (cm)

❸ 정오각형과 정삼각형은 모든 변의 길이가 같으므로 빨간색 선의 길이는 정삼각형 한 변의 길이의 6배입니다.
(빨간색 선의 길이)=5×6=30 (cm)

❹ 정삼각형과 정육각형은 모든 변의 길이가 같으므로 빨간색 선의 길이는 정육각형 한 변의 길이의 7배입니다.
(빨간색 선의 길이)=7×7=49 (cm)

❺ 정삼각형과 정육각형은 모든 변의 길이가 같으므로 빨간색 선의 길이는 정육각형 한 변의 길이의 9배입니다.
(빨간색 선의 길이)=10×9=90 (cm)

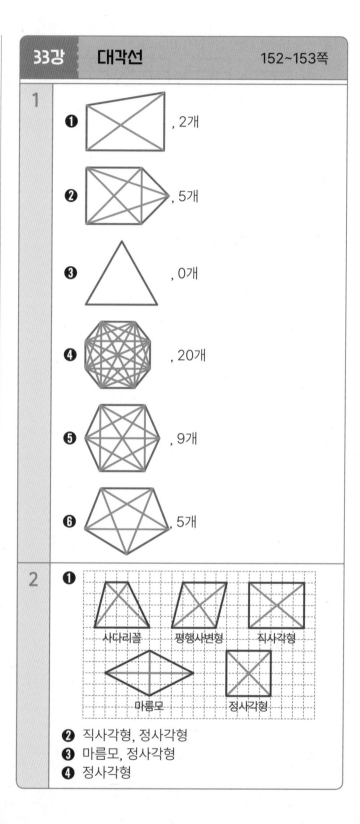

33강 대각선 152~153쪽

1 ❶ , 2개
❷ , 5개
❸ , 0개
❹ , 20개
❺ , 9개
❻ , 5개

2 ❶ 사다리꼴 평행사변형 직사각형
마름모 정사각형
❷ 직사각형, 정사각형
❸ 마름모, 정사각형
❹ 정사각형

34강	다각형과 각도	155~157쪽

| 1 | ❶ 720° | ❷ 540° |
| | ❸ 900° | ❹ 1080° |

| 2 | ❶ 108° | |
| | ❷ 135° | ❸ 120° |

대표문제	❶ 180° / 120°
	❷ 90°
	❸ 120°, 90°, 210°
	답 210°

3	❶ 150°
	❷ 168°
	❸ 150°
	❹ 150°

1 ❶ 육각형은 삼각형 4개로 나눌 수 있습니다.
   (육각형 모든 각의 크기의 합)=180°×4=720°
  ❷ 오각형은 삼각형 3개로 나눌 수 있습니다.
   (오각형 모든 각의 크기의 합)=180°×3=540°
  ❸ 칠각형은 삼각형 5개로 나눌 수 있습니다.
   (칠각형 모든 각의 크기의 합)=180°×5=900°
  ❹ 팔각형은 삼각형 6개로 나눌 수 있습니다.
   (팔각형 모든 각의 크기의 합)=180°×6=1080°

2 ❶ 정오각형은 삼각형 3개로 나눌 수 있으므로 모든 각의
   크기의 합은 180°×3=540°이고
   정오각형 모든 각의 크기는 같으므로
   (정오각형 한 각의 크기)=540°÷5=108°
  ❷ 정팔각형은 삼각형 6개로 나눌 수 있으므로 모든 각의
   크기의 합은 180°×6=1080°이고,
   정팔각형 모든 각의 크기는 같으므로
   (정팔각형 한 각의 크기)=1080°÷8=135°
  ❸ 정육각형은 삼각형 4개로 나눌 수 있으므로 모든 각의
   크기의 합은 180°×4=720°이고
   정육각형 모든 각의 크기는 같으므로
   (정육각형 한 각의 크기)=720°÷6=120°

3 ❶ 정사각형 한 각의 크기는 90°이고
   정삼각형 한 각의 크기는 60°이므로
   ㉠=90°+60°=150°
  ❷ (정오각형 다섯 각의 크기의 합)
   =180°×3=540°
   (정오각형 한 각의 크기)=540°÷5=108°이고
   정삼각형 한 각의 크기는 60°이므로
   ㉠=108°+60°=168°
  ❸
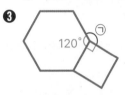

   (정육각형 모든 각의 크기의 합)=180°×4=720°
   (정육각형 한 각의 크기)=720°÷6=120°이고
   정사각형 한 각의 크기는 90°이므로
   ㉠=360°-120°-90°=150°
  ❹
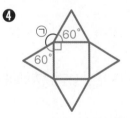

   정사각형 한 각의 크기는 90°이고
   정삼각형 한 각의 크기는 60°이므로
   ㉠=360°-60°-90°-60°=150°

정답과 풀이

1	( ) (○) (○) ( )
2	(1) 오각형 (2) 팔각형
3	(위에서부터) 9, 108
4	54 cm
5	14개
6	120°
7	(1) 나, 라 (2) 다, 라
8	45°
9	60 cm
10	210°

2 (1) 변이 5개인 다각형은 오각형입니다.
   (2) 변이 8개인 다각형은 팔각형입니다.

3 정다각형은 변의 길이가 모두 같고 각의 크기가 모두 같습니다.

4 정구각형은 변이 9개이고, 변의 길이가 모두 같으므로
   (정구각형 모든 변의 길이의 합)=6×9=54 (cm)

5

칠각형에 그을 수 있는 대각선은 모두 14개입니다.

6 정육각형은 삼각형 4개로 나눌 수 있으므로
   (정육각형 모든 각의 크기의 합)
   =180°×4=720°
   정육각형은 각 6개의 크기가 모두 같으므로
   (정육각형 한 각의 크기)
   =(정육각형 모든 각의 크기의 합)÷(각의 수)
   =720°÷6=120°

7 (1) 두 대각선의 길이가 같은 사각형은 직사각형, 정사각형입니다.
   (2) 두 대각선이 서로 수직으로 만나는 사각형은 마름모, 정사각형입니다.

8 정팔각형은 삼각형 6개로 나눌 수 있으므로
   (정팔각형 모든 각의 크기의 합)=180°×6=1080°
   정팔각형은 각 8개의 크기가 모두 같으므로
   (정팔각형 한 각의 크기)=1080°÷8=135°
   ㉠=180°-135°=45°

9 정육각형과 정사각형은 모든 변의 길이가 같으므로 빨간색 선의 길이는 정사각형 한 변의 길이의 10배입니다.
   (빨간색 선의 길이)=6×10=60 (cm)

10 정사각형의 한 각의 크기는 90°이고
   (정육각형 여섯 각의 크기의 합)=180°×4=720°
   (정육각형 한 각의 크기)=720°÷6=120°이므로
   ㉠=90°+120°=210°

기적의 학습서

오늘도 한 뼘 자랐습니다.

길벗스쿨

기적의 학습서, 제대로 경험하고 싶다면?
학습단에 참여하세요!

꾸준한 학습!

풀다 만 문제집만 수두룩? 기적의 학습서는 스케줄 관리를 통해 꾸준한 학습을 가능케 합니다.

푸짐한 선물!

학습단에 참여하여 꾸준히 공부만 해도 상품권, 기프티콘 등 칭찬 선물이 쏟아집니다.

알찬 학습 팁!

엄마표 학습의 고수가 알려주는 학습 팁과 노하우로 나날이 발전된 홈스쿨링이 가능합니다.

길벗스쿨 공식 카페 〈기적의 공부방〉에서 확인하세요.
http://cafe.naver.com/gilbutschool